l'archéologie
vue du ciel

l'archéologie
vue du ciel

HAZAN

Première édition octobre 2002

Direction éditoriale
Andrea Grandese

Direction artistique
et coordination éditoriale
Maria Giulia Montessori

Maquette
Pietro Grandese

Recherches iconographiques
Paolo Lazzarin

Textes de
Antonio Marchiori

avec la collaboratione de
Maddalena Bassani
Paolo Kirschner

Traduction de l'italien
Gabriella Zimmermann

ISBN : 2 85025 840 7
Dépôt légal : octobre 2002

Responsable éditorial
Béatrice Petit

Rewriting
Colette Malandain

Achevé d'imprimer sur les presses
d'Almicare Pizzi S.p.A., Cinisello Balsamo (Milan)

Sommaire

L'archéologie ...

Les images illustrant l'introduction sont extraites des pages de la revue L'Illustrazione italiana, *et en particulier de certains numéros des années 1929-1933.*

Ci-dessus :
Rome,
forum de Jules César,
forum de Trajan,
marchés de Trajan.

Après chacune des victoires qui, quasi systématiquement, ponctuaient les campagnes de leurs légions et les incursions de leurs flottes, les anciens Romains avaient coutume de se retrouver sur le Forum. Les magistrats y exposaient de grandes *tabulae* (c'est-à-dire des tableaux) représentant les lieux qui avaient été le théâtre de leur énième démonstration de puissance, et où la bataille était minutieusement décrite. C'était un grand moment où à l'orgueil d'appartenir à une communauté forte et dynamique s'ajoutait la curiosité de connaître les nouveaux éléments qui allaient bientôt en faire partie. Cette capacité à livrer des informations immédiatement perceptibles, tout au moins au plan émotionnel, est propre au récit par images. Les conteurs ne l'ignoraient pas : dévidant les rouleaux qui racontaient les entreprises menées par les paladins de France, ils parvenaient à captiver l'attention des adultes comme celle des enfants. Les hiérarchies ecclésiastiques s'attachaient aussi à dispenser leur enseignement doctrinal et hagiographique par le biais de splendides mosaïques, de cycles de fresques et de tableaux qui complétaient à la perfection le développement des architectures religieuses. C'est une émotion que peuvent encore éprouver aujourd'hui ceux qui « lisent » les phases de la conquête de l'Angleterre que Guillaume le Conquérant entreprit au XIe siècle : narrée dans la tapisserie normande de la reine Mathilde, conservée à Bayeux, elle peut tout à fait expliquer le succès éditorial d'une œuvre comme celle publiée par Francesco Bianchini à Rome, en 1697, sous le titre *Istoria universale provata con monumenti e figurata con simboli degli antichi* (*Histoire universelle prouvée par les monuments et illustrée par les symboles de l'Antiquité*) qui, tout en étant largement incomplète (elle s'arrête à la chute de l'Empire assyrien), avait connu différentes éditions jusqu'à l'édition vénitienne du XIXe siècle (Venise, 1825-1828, 5 vol.).

Si d'un côté l'opération de syncrétisme visuel, mise en acte dans cette *Archéologie vue du ciel*, tente de répondre à notre curiosité insatiable par une recherche des traces du passé, à notre effort permanent de les remettre à la lumière et de les rappeler à notre mémoire par une sorte de redécouverte gratifiante, et donc constamment renouvelée, de l'autre elle s'efforce de revivre une expérience narrative que l'âge classique avait déjà faite sienne, comme nous le confirme la *Tabula Cebetis* : consistant dans la description d'un tableau allégorique (dit précisément *Tabula*), exposé devant le temple de Chronos à Thèbes, elle cherchait à illustrer par des figures l'histoire de la condition humaine. Notre tentative vise à réexaminer une fois de plus les principes de l'art des traités, cette sorte de « mémoire artificielle » qui connut une si grande vogue à la Renaissance, et où les peintures et les images avaient pour tâche de renforcer et d'aider à la la mémorisation. Cette approche nous

... vue du ciel

Ci-dessus
Reportage depuis l'Égypte : pyramide de Kheops et delta du Nil.
Sanctuaire dans l'oasis du Fayoum.
Travaux sur la digue d'Assouan.
Allée des sphinx à Karnak.

convainc tout particulièrement : en effet, les images de ce volume ne nous agréent pas tant pour la stupéfiante nouveauté du sujet proposé, ni pour le contact avec l'inconnu qui nous y est révélé, que pour le processus de reconnaissance de quelque chose qui nous appartient, pour la redécouverte de ce qui, au fond, nous semble connu – le désir de faire réaffleurer à la mémoire ce que nous reconnaissons comme nôtre et que, pour un instant ou depuis longtemps, nous avions cru perdu.

L'archéologie comme psychanalyse

Il est par ailleurs légitime de se demander pourquoi les images illustrant cet ouvrage sont si riches de suggestion et pourquoi la reproduction de « ruines », irréversiblement mutilées et romantiquement destinées à un pérenne inachèvement, peuvent susciter en nous un écho aussi profond. Il nous semble que cela relève, avant tout, d'un domaine conceptuel qui touche à l'un des aspects les plus problématiques de notre essence, et dépasse la solution platonicienne de la connaissance comme mémoire. Il s'agit là du rapport antinomique entre notre conscience et notre inconscient qui, selon Freud, est caractérisé par l'absence de la négation, par l'indifférence de la réalité externe et interne, par l'absence de contradiction et, surtout, par l'atemporalité. Notre conscience, afin de percevoir, et donc de connaître, ressent en effet le besoin de se confronter en permanence à des phénomènes spatio-temporels et à des catégories taxinomiques ; elle éprouve la nécessité d'être rassurée par la perception du vrai et du faux. Matte Blanco affirme aussi qu'il s'opère, entre notre inconscient et notre conscient, la même différence antithétique qu'entre l'être (qui en tant que tel se situe hors du temps et de l'espace) et le devenir (qui en tant que tel est événement et mutation, se situant dans l'espace et dans le temps). Et c'est précisément dans ce *no mans' land* compris entre la conscience et l'inconscient – lieu métaphorique où la psychanalyse s'emploie à empêcher l'homme de s'enliser dans les marais de l'aliénation – que se développe le malaise engendré chaque jour par notre recherche épuisante mais inéluctable du passé, afin de ne pas nous égarer dans l'anonymat du présent. Cette recherche légitime pleinement une discipline qui vise à récupérer la mémoire, à nous restituer le passé et, avec lui, notre identité ; une discipline qui sert de support à l'histoire et dont l'essence réside précisément en son nom : l'archéologie comme « science de l'Antiquité », comme étude du passé à travers les témoignages matériels que les anciens nous ont laissés, intentionnellement ou inconsciemment – en souvenir d'eux.

L'archéologie est en outre une discipline dotée d'une grande valeur symbolique, sensible dans son mode tout particulier de traiter les données, en les faisant sortir de l'enveloppe qui les cache – émersion de quelque chose qui existe déjà, mais qui est trop celé pour être perçu et qui réaffleure alors, comme en une nouvelle naissance, de la terre mère. C'est dans ce geste de récupération des informations depuis les profondeurs du sol que s'accomplit ce que Fromm théorisait comme un viatique à notre désir de connaissance, tout au moins au sein de certaines des traditions culturelles les plus répandues, où ce qui apparaît n'est qu'illusion ou, dans la meilleure des hypothèses, pur effet. La véritable connaissance, au contraire, doit toujours chercher à déchirer le voile des illusions, à dépasser le niveau des apparences et à plonger aux racines des phénomènes, autrement dit à rechercher leurs causes. C'est pourquoi cette connaissance ne peut pas être une possession de la vérité, mais un parcours créatif et actif allant à sa rencontre. Ce n'est donc pas un hasard si l'intérêt pour l'archéologie brise toujours plus fortement le cercle restreint des chercheurs et leur engagement élitiste pour devenir la passion de beaucoup – profanes, certes, et parfois maladroits et gauches dans le vécu de cette passion, mais toujours animés de la certitude que, grâce à cet instrument, ils peuvent déchiffrer des signes ancestraux, retrouver des éléments d'identification d'eux-mêmes et de la réalité, se familiariser avec la diversité et se confronter à elle en toute confiance. Telle est probablement la source de la conviction que l'archéologie permet de pénétrer dans le « Mystère » et que chaque pas accompli vers la connaissance de l'Histoire est aussi un pas vers la connaissance de l'histoire de chacun, une réémergence graduelle de ce qui, en termes de tradition, de culture et de sensibilité, s'est stratifié en nous-mêmes.

Observer un temple antique, une fortification, l'affleurement d'une tombe acquiert donc une signification qui va au-delà de la sphère de la pure information technique et devient un voyage à travers les générations d'hommes dont les difficiles expériences de la connaissance, de la croissance, du progrès et de la souffrance sont devenues une partie de nous-mêmes. Ne pas entreprendre ce voyage à la recherche de notre identité peut engendrer des frustrations et provoquer des attitudes d'indifférence ou d'agressivité à l'égard de ce qui nous entoure : la nature, ses ressources, les autres hommes. À ce propos, Giambattista Vico observait déjà, au début du XVIIIe siècle, que les hommes, une fois qu'ils étaient rassasiés de bien-être et d'abondance, et qu'ils avaient oublié par quelles souffrances ils étaient parvenus, ainsi que leurs ancêtres, à les posséder, se livraient à une véritable dissipation de leurs ressources, comme s'ils étaient en proie à un désir irrépressible d'autodestruction. Se heurter avec violence à ce qui nous appartient ou nous a générés peut revêtir la forme d'un véritable complexe d'Œdipe non résolu. Parmi les nombreux événements qui pourraient être mentionnés à ce propos, ce qui s'est passé en Égypte au cours de la XVIIIe dynastie, au XVe siècle avant J.-C., peut prendre ici une valeur emblématique d'exemple : la reine Hatshepsout, épouse incestueuse de son demi-frère Thoutmosis II (les mariages consanguins étaient une pratique habituelle dans les familles régnantes), fut tuée par son beau-fils Thoutmosis III qui ne se contenta pas du matricide mais décida également d'effacer de la mémoire son importune belle-mère en faisant mutiler toutes les statues, tous les reliefs et les tabernacles qui la représentaient. Remonter toute la séquence de la *damnatio memoriae* (l'immersion forcée dans l'oubli par la suppression de tous les portraits et de toute évocation du nom), qui frappait fréquemment les empereurs romains à la fin de leur vie, ne ferait que témoigner, une fois de plus, de la tragique incapacité de vivre et de se confronter à son propre passé. Il suffit de tourner ses regards vers ce qui est advenu à Bamiyan, en Afghanistan, où se dressaient les deux colossales statues de Bouddha des IIIe-Ve siècles après J.-C. – statues qu'on a désintégrées au printemps 2001 et littéralement effacées de leur lieu d'origine – pour assister au énième, terrible et symbolique témoignage d'une identité en péril.

L'archéologie comme récit

Si l'archéologie fascine parce qu'elle permet à l'homme de faire resurgir son passé et de se mesurer à lui, on peut estimer que l'intérêt pour cette discipline réside aussi dans la manière originale dont elle raconte l'Histoire, surtout si l'on se réfère aux catégories anthropologiques qui, une fois encore, nous sont signalées par Vico. Ces catégories, qu'il a cernées en analysant toutes les sociétés qui lui étaient connues, lui ont permis de prouver que les hommes, bien qu'ils soient séparés par de très vastes espaces et inscrits dans des contextes culturels extrêmement diversifiés et bien qu'ils aient vécu à des époques différentes, présentent des éléments identitaires qu'il n'hésite pas à qualifier d'universels au plan spatial, et d'éternels au plan temporel. On peut en effet aisément observer que les civilisations, des plus primitives aux plus évoluées, confèrent toutes de la solennité à l'acte du mariage, présentent toutes des rites spécifiques de sépulture et que rien ne fait l'objet de célébrations plus solennelles, même dans les sociétés les plus primaires, que les rites religieux, matrimoniaux et funéraires. Ces us et coutumes sont donc le signe de l'essence de l'homme, et pour cette raison ils doivent être préservés et gardés, conclut Vico, si l'on ne veut pas que le monde régresse et que les hommes retournent à l'état de

Ci-dessus
Syrie : sanctuaire du dieu Soleil, à Palmyre.
Vue d'Alep.
Iran, Persépolis : tombeau de Darius le Grand.
Ruines du palais de Darius.

Cyrène, temple d'Apollon.

Leptis Magna.

barbarie. Religion, mariages, enterrements, telles sont les instances sur lesquelles souffle l'esprit de toute société humaine. Et l'archéologie parle précisément de l'histoire comme récit global, constitué d'habitudes, de liturgies, de relations, de menus faits du quotidien comme de grands événements.

Du reste, elle ne pourrait pas raconter autre chose, car le monde dont elle nous parle est essentiellement celui de la culture matérielle, faite d'éléments concrets que l'on utilise pour satisfaire des besoins mais en y prêtant rarement attention, car ces instruments qui servent à affronter la « normalité » deviennent des points de référence si évidents que l'on ne s'aperçoit de leur existence que s'ils viennent soudainement à manquer.

Le moindre petit indice, du simple bol à la petite poupée d'ivoire, comme la plus complexe des architectures nous permettent donc de nous rapprocher de l'Antiquité et de ne plus la sentir si éloignée, de nous rapprocher du passé sans percevoir le moindre changement de dimension, et de le sentir au contraire encore vivant et agissant. L'ouvrage manufacturé devient un témoignage direct, la donnée matérielle recèle en soi une grande capacité d'évocation dont le caractère concret se propose comme l'instrument d'identification culturelle d'une communauté et l'outil d'évaluation de son développement. Trouver de la céramique mycéenne à Ischia et dans le nord de l'Adriatique évoque la présence d'une véritable thalassocratie et permet d'en identifier le pivot. Les amphores étaient un récipient si courant dans l'Antiquité qu'on les utilisait comme lest pour les navires, ou sous les fondations pour les constructions entreprises sur des terrains humides. L'étude de la diffusion d'une typologie spécifique de ces vases nous renseigne sur l'ampleur d'un marché conquis par une production particulière et sur l'identité d'une classe marchande, devenue à une époque donnée compétitive et gagnante. C'est sans doute ici que réside une grande part du charme que le récit de l'archéologie exerce sur les individus disposés à l'écouter, car, comme disait le grand étruscologue Pallottino, les témoignages tangibles frappent beaucoup plus l'imagination que les mémoires et les traditions qui nécessitent un effort intellectuel et de réflexion. La source de l'attraction que suscite l'archéologie se situe par exemple dans le fait de passer un seuil franchi mille et mille fois par les contemporains de Socrate ou de Jules César ; dans le fait de tenir une coupe que leurs lèvres ont effleurée ; de les voir représentés sur un relief ou une peinture tels que les saisit l'artiste, le plus souvent inconnu. Ce constat dénué de toute forme de médiation permet à ceux qui le perçoivent d'effacer les abysses du temps. Des lieux comme Pompéi conservent ainsi un attrait tout particulier, car l'objet issu des fouilles, la pièce retrouvée, en qualité de données matérielles vivantes et opérantes, offrent beaucoup plus qu'une simple perception : on

Fouilles à Herculanum.

peut les toucher concrètement de la main, les voir tels qu'ils étaient à l'instant précis où la calamité naturelle a brisé les vies des êtres qui les avaient produits et qui étaient en train de s'en servir.

Cela nous permet de résoudre l'apparent paradoxe qui s'opère lorsqu'une pierre, de l'argile, un bloc de marbre, des matières en soi inertes et inanimées, une fois touchées par la main de l'homme et transformées en instruments, objets, architectures, mettent en place un parcours cognitif qui ne s'arrête pas au réel et au concret mais se projette vers la transcendance par le biais d'un langage qui se dote d'une dimension manifestement universelle. Cette culture matérielle se présente alors comme la clef d'interprétation de notre époque et vise à lui conférer de l'épaisseur, cette épaisseur propre à la civilisation, qui est à la fois un instrument de récupération d'identité et d'acceptation de la différence. Cet instrument de jugement permet en outre d'évaluer à bon escient ce que nous considérons aujourd'hui au quotidien comme habituel et évident, alors que ces productions sont le fruit de conquêtes lentes et difficiles de l'esprit, et d'établir des comparaisons avec ce qui est autre, afin de ne pas nous perdre dans une vision monodimensionnelle de la réalité. Telle est, en substance, la contribution de l'archéologie au récit de l'Histoire, insérée dans un processus de confrontation permanente au plan spatio-temporel. Nous pouvons converger ici avec Sabatino Moscati lorsqu'il affirme que ce n'est que par la connaissance de l'art mésopotamien, ou de l'art du haut Moyen Âge, pourtant réalisés par des inconnus, que l'on peut saisir combien la conscience et la fonction de l'individu dans la création artistique sont des conquêtes ardues et progressives. Il faut voir les dépouilles des enfants que les Carthaginois sacrifiaient aux dieux par centaines, ou les squelettes des victimes sacrificielles jetées dans le puits sacré de Chichén Itzá, pour comprendre les progrès qu'a pu faire la religion et, avec elle, le respect de l'être humain. Il faut noter la rareté et la difficulté des anciennes écritures, ainsi que la fragilité des matériaux écrits, pour se rendre compte de la transformation profonde advenue dans les moyens de communiquer et de transmettre la mémoire des événements.

Interprétation scientifique de l'archéologie

Il est tout aussi vrai, cependant, que la possibilité de faire parler les témoignages du passé, quelle qu'en soit la caractéristique, ne peut pas naître seulement du désir de connaître et de la curiosité enthousiaste du néophyte ou du « dilettante », comme on le qualifie parfois avec mépris dans les milieux académiques. L'archéologie est une véritable science, avec ses méthodes d'enquête, ses procédures de récupération des données et ses proces-

Tête Inca près du lac Titicaca au Pérou.
Restauration d'une pyramide à Monte Albán, au Mexique.
Ruines de la ville de Chanchán au Pérou.

sus d'analyse qui les transforment en informations, autrement dit en connaissance historique. C'est par ailleurs le progrès technique qui a conduit cette science à faire véritablement office de pont entre le milieu de la recherche humaniste, dont relèvent de très nombreuses disciplines reliées à l'archéologie comme la numismatique, l'histoire de l'art ou l'épigraphie grecque et romaine, et le milieu plus proprement lié aux sciences positives auxquelles la recherche archéologique s'adresse de plus en plus souvent, de la paléobotanique à l'ostéoanthropologie, de la chimie à la géomorphologie.

La figure de l'archéologue se situe donc au croisement d'une formation complexe et rigoureuse, et d'une souplesse mentale qui devraient à la fois lui permettre d'aborder, avec une certaine aisance, la lecture herméneutique des descriptions des monuments de l'Hellade proposées par l'écrivain grec Pausanias, de repérer les lieux décrits dans tel ou tel passage par l'historien latin Tite-Live, ou encore d'interpréter les résultats de l'analyse chimique d'un certain type de céramique, voire de comprendre les aspects économico-alimentaires d'une communauté en fonction des résultats obtenus par l'analyse des vestiges ostéologiques trouvés sur un site donné.

Tout cela ne signifie pas que personne, hormis les spécialistes, ne soit en mesure de comprendre les mécanismes de récupération de la connaissance propres à cette discipline. Au contraire, cette complexité doit éveiller l'intérêt et la curiosité autour d'elle et impliquer en même temps une grande responsabilité pour les chercheurs, lesquels devraient se sentir chargés – entre autres – d'opérer une bonne divulgation scientifique face à des attentes aussi élevées.

C'est ce que nous confirme l'un des divulgateurs les plus importants et les plus accomplis de l'archéologie, connu sous le pseudonyme de Ceram. Celui-ci affirmait que même les problèmes scientifiques les plus compliqués peuvent être représentés de manière simple et accessible, à condition de les illustrer tout au long de leur processus de formation. Autrement dit, on se doit de conduire le lecteur le long du chemin parcouru par le scientifique lui-même, c'est-à-dire du moment de l'inspiration et de l'hypothèse à celui de la vérification concrète et, si possible, du résultat.

Toutefois, le fait que Ceram était journaliste et non archéologue de formation ne doit pas constituer un alibi pour les professionnels ni ne doit les pousser à se soustraire à leur engagement éthique d'enseignement et de partage du savoir. C'est en quelque sorte l'objectif que nous nous sommes assigné dans cet ouvrage, même s'il est opportun de préciser, afin que la vue de ces belles choses ne demeure pas seulement une impression épidermique et éphémère, qu'elles ne représentent que la partie émergée de l'iceberg de la connaissance et que l'archéologue doit chercher à obtenir, face à la rareté et à la disparité des témoignages du passé, le plus grand nombre possible de données pour tenter d'assurer à ses hypothèses de reconstitution toute la vérifiabilité voulue.

L'instrument majeur de récupération de ces données est l'archéologie moderne qui, dès la fin du XXe siècle, s'est appuyée sur les préceptes méthodologiques des fouilles stratigraphiques. Cette méthode de travail permet de récupérer les pièces ou les ouvrages manufacturés dans le contexte où ils ont été originairement déposés, puis de classer les témoignages matériels et de les confronter entre eux avant de les inscrire dans des séquences chronologiques. Il faut ensuite comparer les données matérielles ainsi organisées avec d'autres données issues d'autres sites, en retissant avec soin tous les fils enchevêtrés des contacts et des échanges qui depuis toujours lient les différentes communautés humaines.

Depuis quelques décennies, les fouilles archéologiques, conduites selon les principes de la stratigraphie, se déroulent au cours de la phase conclusive de l'enquête menée sur un site ou une aire, et l'on y recourt seulement après avoir récupéré le plus d'informations possible à travers d'autres modalités d'enquête.

En effet, pour l'analyse d'espaces nettement circonscrits, les fouilles ne requièrent pas seulement de lourds investissements en termes de ressources financières et humaines. Elles représentent également une opération destructrice dans la mesure où l'analyse de ces espaces efface un processus pluriséculaire de sédimentation de matériaux et de stratification de modalités d'usage : pour pouvoir être suivies dans leur développement diachronique, celles-ci doivent être « ouvertes et feuilletées » et, par conséquent, détruites, même si les séquences stratigraphiques sont soigneusement documentées au fur et à mesure par le biais de relevés et de photographies. Les fouilles fournissent aussi un nombre surprenant de données matérielles qui doivent être « nettoyées » et cataloguées et, une fois étudiées, conservées dans des lieux adéquats, comme par exemple les musées.

Face à ces présupposés, on peut donc comprendre que dans des situations particulières, où il est nécessaire d'enquêter sur la richesse archéologique de régions entières quasiment dépourvues de musées où placer les pièces archéologiques, il faut mettre en acte des stratégies d'enquête non destructrices.

Ce qu'une mission italienne a réalisé dans le Laos méridional, à la fin des années quatre-vingt-dix, dans le cadre d'un projet Unesco, est absolument exemplaire à cet égard. Il s'agissait en effet d'analyser une aire de 200 kilomètres carrés environ dans la région du Champassak, dont l'unique site archéologique connu était représenté par le complexe monumental du Vat Phu (ou pagode de la Montagne), un temple de culte hindouiste érigé autour du VIIe siècle après J.-C., en pleine période pré-angkorienne, dans un lieu richement boisé et privé d'infrastructures (M. Cucarzi et P. Zolese, *An Attempt to Inventory Khmer Monumental Remains through Geomagneting Modeling : the Ancient City of Wat Phu, Befeo*, Paris, 1997).

Dans une telle situation, les fouilles archéologiques auraient pu se révéler peu significatives, voire contre-productives, du fait des problèmes qu'auraient posés l'inventaire et la conservation des données matérielles récupérées, ainsi que la nature de l'aire résolument circonscrite et soumise à cette méthodologie d'enquête.

En cette occasion ont été mises en application les méthodologies d'investigation les plus modernes que l'archéologie allie aujourd'hui aux fouilles, et dont elle les fait habituellement précéder.

Il s'agit, par exemple, de sondages géophysiques qui prévoient l'utilisation d'instruments comme le magnétomètre à protons ou le géoradar, et qui permettent de radiographier le sous-sol et de reconstituer la consistance d'éventuelles structures archéologiques ensevelies, que ce soit en termes d'extension ou de profondeur, pour des superficies très vastes et dans de très brefs délais.

Ces sondages peuvent s'appuyer sur les activités de *survey* consistant dans l'analyse systématique des superficies, notamment agraires, dans le but de repérer les données archéologiques qui affleurent et qui, recueillies comme il se doit et analysées selon les procédures statistiques, tant au plan quantitatif que qualitatif, aident à circonscrire la disposition et la typologie probables des vestiges enfouis avec un excellent taux de fiabilité et sans avoir besoin d'intervenir en profondeur, à l'exception d'éventuels sondages géognostiques à caractère ponctuel et ciblé comme les carottages.

Si parmi les procédures non destructrices d'analyse des zones archéologiques figurent les techniques du *Remote Sensing* qui prévoient, entre autres, l'interprétation des photos à très haute résolution, prises par satellite, pour les aires de dimensions suprarégionales, l'instrument qui se révèle particulièrement instructif et qui peut compter désormais sur une pratique consolidée est la photo aérienne qui, grâce à sa capacité de synthétiser efficacement le palimpseste complexe des sols anthropisés, a connu un certain succès dans le milieu archéologique dès la fin de la Seconde Guerre mondiale.

Les applications récentes de la photo aérienne dans le domaine cartographique, avec la cartographie photogrammétique et son élaboration en format numérique, ont contribué à affiner les systèmes de repérage des

De gauche à droite
Statues de guerriers Ming sur la route de Nankin, à Hang-Chou.
Ruines du château de Basgo dans le Tibet occidental.
Temple bouddhiste à Borobudur, sur l'île de Java.
Muraille de Chine près de Shanhaikuan.

signes (*marks*) des structures anthropiques ensevelies et des éléments relevant du paléo-environnement (anciens tronçons de routes enfouies, anciens lits de fleuves détournés, etc.) sur un territoire donné, comme s'ils avaient été capturés par un photogramme en produisant un volume considérable d'informations et sans avoir besoin de la moindre intervention au sol.

La photo aérienne offre également une vision synthétique de l'émergé et de structures, même antiques, qui peuvent affleurer à la surface, et permet ainsi de remonter, malgré leur inévitable discontinuité, aux « systèmes » auxquels elles appartiennent, qu'il s'agisse de systèmes routiers, de systèmes de parcellisation agraire ou de systèmes sacrés.

Cet ouvrage vise en outre à démontrer le potentiel informatif considérable que recèlent les photos aériennes et, une fois de plus, atteste que les *Nasca Lines* ou le plan urbain d'Hattousa seraient pour nous beaucoup moins significatifs et compréhensibles si nous n'en possédions que leur vision analytique d'en bas, inévitablement partielle.

Les photos de ce « passé vu d'en haut » aident également à saisir l'impact visuel de structures monumentales et architecturales perçues dans leur environnement naturel qui, allié à la sensation de beauté, éclaire le but dans lequel elles ont été réalisées : manifester, parfois, sa déférence à l'égard des divinités ; synthétiser, presque toujours, la forme et la force du pouvoir qui a produit ces architectures, telles l'Acropole d'Athènes, l'amphithéâtre Flavien (dit le Colisée), ou les monuments de Chichén Itzá.

Nous proposons donc ici une riche lecture du passé, et nous souhaitons que par cette approche intentionnellement agréable elle parvienne à contribuer au progrès et à la diffusion de la connaissance, conformément au principe pédagogique dont l'efficacité n'est plus à montrer et que, depuis Horace, nos pères ont illustré : *miscere utile dulci*.

Tableau Chronologique

de 5000 avant J.-C. au XXIe siècle après J.-C.

AFRIQUE
EUROPE
MOYEN-ORIENT
AMÉRIQUES
ASIE

Rome, le Colisée

Vallée de Nazca, ligne biomorphe

Gizeh, aire sacrée des trois pyramides

Athènes, loge des Cariatides

Volubilis, maison de la Co
de Vénus

Mycènes, porte des Lions

CULTURE NAZCA (PÉROU

AFRIQUE ROMAINE

ÉPOQUE ROMAINE

MYCÉNIENS

GRÈCE ANTIQUE

ÉGYPTE ANCIENNE

... L ... XL ... XXX ... XX XIX XVIII XVII XVI XV XIV XIII XII XI X IX VIII VII VI V IV III II I 0

CULTURE MÉGALITHIQUE

EMPIRE CHINOIS

HITTITES

JUIFS

NABATÉENS

Stonehenge, enceinte mégalithique

Hattousa, ruines de la ville

Jérusalem, fouilles à l'esplanade du Temple

Pétra, monastère (ed-Deir

Grande Muraille de Chine

Mesa Verde, ruines du Cliff Palace

Machu Picchu, ruines de la ville

Chichén-Itzá, les cent colonnes et El Castillo

Teotihuacán, pyramide du Soleil

INCA (PÉROU)

AZTÈQUES (MÉSO-AMÉRIQUE)

MAYA (MÉSO-AMÉRIQUE)

CULTURE PUEBLO (ÉTATS-UNIS)

0 I II III IV V VI VII VIII IX X XI XII XIII XIV XV XVI XVII XVIII XIX XX XXI

ROYAUMES THAÏ

PÉRIODE TIBÉTAINE

ROYAUME KHMER

ROYAUMES INDO-BOUDDHISTES (SUD-EST ASIATIQUE)

ROYAUMES LOCAUX NÉPALAIS

EMPIRE MOGHOL

Chiangmai, Wat U Mong

Bali, temple de Tanah Lot

Sumatra, temple de Muara Takus

Angkor, ruines

Agra, mausolée du Tadj Mahall

Katmandou, Bodnath Stupa

Pérou, Sierra Pintada, candélabre.

Les lignes du sacré

20 Pérou, vallée de Nazca, Cahuachi : ligne biomorphe et géoglyphes, IIIe-Xe siècles après J.-C.

« Nous passons parmi des rideaux d'arbres
et de verdure
dont le souvenir du ciel ne cesse de s'éloigner
et derrière nous, la brume
relègue la tendre lumière du soleil
aux plantes dénuées de couleurs :
spectres d'une vie, sur notre passage, emplie de désirs
bien plus profonds. »

D'après Alessandro Parronchi, *Les Vestiges du jour*,
Florence, Le Cariti Editore, 2001.

Le moment où l'homme aborde pour la première fois un nouveau milieu est toujours un moment très particulier, lourd de tension et d'attentes… Prendre possession d'un espace présuppose un acte de confiance – la confiance dans la présence de toutes les ressources voulues pour vivre, prospérer, procréer et se multiplier. Par ailleurs, le processus d'anthropisation s'accompagne inévitablement de la sphère du sacré, car c'est précisément dans le divin que se décide la concrétisation des espérances, ou leur échec.

Les lieux ne comptent pas en eux-mêmes ; ils peuvent fort bien être éloignés, se situer aux antipodes les uns des autres, et ne cesser pour autant de témoigner de cette présence humaine. Ce sont des signes simples, le fruit d'opérations essentielles qui composent des dessins symétriques en enlevant des séries de pierres là où le sol en est recouvert, ou au contraire en les amenant là où il en est privé. Les célèbres lignes du désert péruvien de Nazca, tracées entre le Ier et le VIe siècle après J.-C. sur une aire de 400 kilomètres carrés environ, ont été réalisées de cette manière, c'est-à-dire en enlevant par lignes entières les cailloux qui parsemaient uniformément la surface de ce désert. Qu'il s'agisse d'un calendrier astronomique articulé en trois cents figures environ, ou d'un système de drainage et de recueil des eaux de pluie qui sont rarissimes dans cette région du monde, seule la dimension sacrale en justifie aujourd'hui encore le grand nombre et la taille.

Cette dimension sacrale transparaît tout aussi nettement dans les géométries mégalithiques de l'Europe occidentale et atlantique : des alignements bretons de menhirs aux *cromlech* (ou enclos sacrés) comme celui de Stonehenge, dont les pierres bleues ont probablement été récupérées dans l'ouest du pays de Galles et apportées à cet endroit après un voyage de près de 380 kilomètres. Ces structures ont exercé dès le néolithique de multiples fonctions, liées à des rites funéraires et à des activités communautaires. Lors de l'avènement de l'âge du fer et au cours des périodes successives, elles répondaient en outre à la nécessité de défendre et de fortifier les lieux mais, malgré le mystère qui les enveloppe encore, c'est dans le culte et dans les rituels religieux que leur existence semble trouver leur justification la plus accomplie.

France, Carnac, alignements de menhirs, 4670-2000 avant J.-C.

Angleterre, Stonehenge, enceinte mégalithique, 2000-1300 avant J.-C.

26 Italie, Sardaigne, Barumini, Su Nuraxi,
XVIIe-VIIe siècles avant J.-C.

Irlande, îles Aran-Inishmann, structure fortifiée
de Dun Chonchuir, haut Moyen Âge.

Égypte, Louxor, temple de Karnak, XIVe siècle avant J.-C.

Égypte
Aux sources de l'histoire

« Les Égytiens, qui vivent sous un climat singulier, au bord d'un fleuve offrant un caractère différent de celui des autres fleuves, ont adopté presque en toutes choses des mœurs et des coutumes différentes de celles des autres peuples. Chez eux, ce sont les femmes qui vont au marché et font le commerce de détail ; les hommes restent au logis et tissent. Dans les autres pays on tisse en poussant la trame vers le haut ; en Égypte on la pousse vers le bas. Les hommes y portent les fardeaux sur la tête ; les femmes sur les épaules. Les femmes urinent debout et les hommes accroupis. Ils font leurs besoins dans les maisons et mangent dans les rues, alléguant qu'il faut faire en secret les choses nécessaires qui sont indécentes et publiquement celles qui ne le sont pas. Aucune femme n'exerce la prêtrise d'un dieu ni d'une déesse, des hommes peuvent être prêtres de tous et de toutes. Il n'est nullement obligatoire pour les fils de nourrir leurs parents ; pour les filles c'est une obligation stricte. »

Hérodote, *Histoires*, II, 37, trad. de Ph.E. Legrand.

Le pays du Nil

Les premiers dynastes de la phase archaïque et de l'Ancien Empire (3100-2181 avant J.-C.) prêtèrent déjà une vive attention aux inondations périodiques du fleuve : en déposant son limon sur les terres, le Nil les nourrissait et en assurait ainsi l'ample exploitation agricole, qui resta l'une des principales ressources économiques du pays, outre le commerce par voie de terre et de mer. Ce n'est pas un hasard, en effet, si les concentrations urbaines du nord au sud de l'Égypte se trouvent toutes à proximité du Nil, au-delà duquel s'étend le vaste désert.

Le caractère unitaire de l'État, qui se dessina immédiatement, s'articulait rigoureusement autour de la figure du souverain-dieu, entouré d'une caste sacerdotale et d'un groupe de nobles et de fonctionnaires qui s'occupaient de l'administration des différentes zones habitées. Au fil des siècles, toutefois, surtout pendant ladite Basse Époque ou dynastie « saïte » (1165 -333 avant J.-C.), la domination progressive de la caste sacerdotale, déterminante pour la montée d'une dynastie, et la réduction du contrôle central sur les aires périphériques en faveur des bureaucraties locales engendrèrent un grand affaiblissement de l'Égypte qui devint la première partie du royaume d'Alexandre le Grand, gouvernée par les Ptolémées (332-32 avant J.-C.), puis une province de l'Empire romain (32 avant J.-C.-394 après J.-C.). Cette dernière date correspond à celle de l'abolition de l'écriture hiéroglyphique, qui fut prononcée sous Théodose. Si, d'un côté, les classes hégémoniques (les hauts fonctionnaires de l'administration, les chefs militaires, les nobles et les prêtres) recevaient du souverain de hauts salaires, des rentes foncières, des tombes somptueuses et des cadeaux de toutes sortes, les techniciens, les fonctionnaires subalternes, les scribes et les ouvriers spécialisés percevaient des rétributions en nature et occupaient une position sociale tout à fait digne, même si elle restait inférieure aux premières. L'échelon le plus bas de la société égytienne était occupé par les paysans, employés depuis toujours pour les constructions publiques une fois qu'ils étaient libérés des travaux des champs. À ce propos, il est opportun de corriger la tradition littéraire grecque qui faisait de la vallée du Nil un lieu de délices, où il suffisait au paysan égyptien de planter des semences pour obtenir jusqu'à deux récoltes par an. En réalité, il pouvait rencontrer beaucoup de difficultés pendant la récolte (inondations, destruction du semis par les hippopotames ou par les sauterelles), difficultés habilement retracées dans une satire : « Le paysan se plaint toujours, sa voix est aussi aiguë que celle du corbeau, ses mains et ses bras sont épuisés... Il travaille durement dans les marais et il est toujours en haillons ; il se sent comme on peut se sentir au milieu des lions ; le fouet ne l'épargne pas et il en souffre. Quand il rentre de la campagne, il arrive le soir chez lui et le trajet l'a éreinté. »

Dans une société pyramidale de ce genre, la famille occupait certainement une position centrale et était conçue comme une cellule sociale restreinte, dénuée de hiérarchie rigide où la femme bénéficiait d'une certaine liberté et autonomie. Elle pouvait être aussi indépendante financièrement, comme le montrent les nombreux textes sur papyrus enregistrant les actes légaux de patrimoines privés, gérés par des sujets féminins. Elle jouissait des mêmes droits que l'homme, qu'il s'agît de l'épouse d'un paysan ou d'un noble. Et il appert des textes conservés qu'elle pouvait exercer sa liberté jusque dans les choix matrimoniaux, même si les mariages combinés étaient fréquents.

Égypte, Gizeh, aire sacrée des trois pyramides, XXVIIe-XXVIe siècles avant J.-C.

Égypte, Gizeh, aire sacrée des trois pyramides,
XXVIIe-XXVIe siècles avant J.-C.

Égypte, Gizeh, pyramides de Mykerinus, Kheops et Khephren, XXVIIe-XXVIe siècles avant J.-C.

Gizeh

Le site de Gizeh, que W.M. Flinders Petrie a fouillé entre 1880 et 1881 selon des critères scientifiques, fut également choisi comme nécropole de la proche ville de Memphis par les pharaons de la IVe dynastie et utilisée du XXVIIe au XXVIe siècle avant J.-C.

Le pharaon Kheops fit construire la Grande Pyramide conformément à des solutions d'ingénierie et d'architecture qui devaient faire de la pyramide un espace en soi, clos et opposé à l'espace illimité du désert. À sa suite, Khephren et Mykerinus firent réaliser deux pyramides de dimensions tout aussi imposantes et caractérisées par une succession de couloirs, de pièces, de puits rituels, qui menaient à la chambre mortuaire proprement dite où l'on déposait le pharaon défunt, entouré de toutes sortes d'ustensiles et d'objets précieux utiles pour son séjour dans l'au-delà. Les richesses de ces tombes ont fait l'objet de pillages successifs dès l'Antiquité, et les autres édifices entourant les pyramides subirent exactement le même sort : outre les routes il existait en effet des temples où l'on célébrait des rites en l'honneur du pharaon, et de nombreuses tombes de particuliers, disposées régulièrement le long des allées où reposaient les parents du roi et les fonctionnaires de la cour. Et le grand sphinx à corps de lion et à tête humaine, sculpté dans la roche, fut investi du rôle de gardien de ce vaste cimetière.

Égypte, Gizeh, pyramides de Mykerinus, Kheops et Khephren, XXVIIe-XXVIe siècles avant J.-C.

 Égypte, Gizeh, le sphinx, XVIIe siècle avant J.-C.

Saqqarah

Parmi les cimetières les plus connus, on peut mentionner celui de Saqqarah, dont le nom dérive peut-être de Sokar, l'une des divinités vénérées en ce lieu. Situé sur un plateau désertique à 30 kilomètres du Caire, il fut utilisé sans solution de continuité de l'ancienne période dynastique (ou période archaïque, 3100-2686 avant J.-C.) à l'Ancien Empire (2686-2181 avant J.-C.) et à la dernière période (600 avant J.-C.).

Les fouilles archéologiques, commencées en 1850 sous la direction d'Auguste Mariette, et poursuivies au XXe siècle, ont remis à la lumière une allée flanquée de figures conduisant au temple d'Osiris-Api, à tête de taureau, entouré de sépultures de taureaux momifiés et déposés dans des sarcophages de granit.

On y a découvert également de nombreuses sépultures de fonctionnaires, remontant à la période de l'Ancien Empire, riches en mobilier funéraire, ainsi que la pyramide à gradins de Djoser, insérée dans une enceinte rectangulaire où se trouvent d'autres édifices commémoratifs. Cette dernière est considérée comme le premier exemple de pyramide en pierre, venant remplacer les constructions en bois et en joncs des périodes précédentes – sans oublier la découverte d'une autre pyramide à gradins, non achevée, attribuée au roi Sekhmkhet, ainsi que la grande route surélevée de la pyramide d'Ounas (au sud-est), et les dépositions de vaches sacrées d'Isis découvertes au nord-est.

Égypte, Saqqarah, complexe funéraire du roi Djoser, XXVIIe siècle avant J.-C.

Égypte, Saqqarah, complexe funéraire du roi Djoser, XXVIIe siècle avant J.-C.

Égypte, Deir el-Bahari, temple de la reine Hatchepsout, XVe siècle avant J.-C.

Salle du puits de la tombe d'Horemheb, fin de la XVIIIe dynastie.

Deir el-Bahari

On peut considérer le temple de Deir el-Bahari comme la synthèse de l'architecture funéraire et religieuse de l'ancienne Égypte. Ce temple mortuaire était dédié à l'une des figures les plus intéressantes de l'histoire égyptienne du Nouvel Empire (1567-1085 avant J.-C.), la reine Hatchepsout, de la XVIIIe dynastie.

Fille de Thoutmosis Ier et de la reine Ahmose, épouse de son demi-frère Thoutmosis II, elle se fit proclamer pharaon à la mort de son époux, en 1473 avant J.-C., car son beau-fils Thoutmosis III était encore trop jeune pour régner. Habillée en homme, elle gouverna avec fermeté pendant une quinzaine d'années. C'est pendant cette période qu'elle ordonna à son architecte, Senmout, d'ériger un temple-mausolée. Ce dernier décida de le placer sur un des points les plus suggestifs et scénographiques du paysage égyptien. Il en développa les trois terrassements, et les rampes caractéristiques qui les relient, à l'entrée de la vallée dominée par le mont de Thèbes, « l'amante du Silence », là où la religion égyptienne faisait vivre les divinités qui veillent sur les nécropoles. À l'intérieur des portiques des terrasses furent sculptés de merveilleux reliefs, dont ceux illustrant la naissance divine d'Hatchepsout, déclarée descendante directe du dieu Amon, revêtaient une haute valeur de propagande. La fin de la vie de cette femme volontaire fut particulièrement dramatique : elle mourut en 1453 avant J.-C., suite à la rébellion de Thoutmosis III qui, après avoir conquis le pouvoir, décida de procéder à la *damnatio memoriae* de sa belle-mère et fit mutiler toutes les statues qui la représentaient.

Égypte, Deir el-Bahari, temple de la reine Hatchepsout, XVe siècle avant J.-C.

Égypte, Vallée des Rois, Ramesseum,
temple de Ramsès II, 1279-1213 avant J.-C.

Colosse de Memnon

Divinités et rites

Malgré la multitude de témoignages consacrés au culte des dieux, à la théologie et aux rites funéraires, il est aujourd'hui encore assez difficile de cerner sommairement les caractères de la religiosité égyptienne, car elle n'était pas fondée sur un dogme constitué d'un ensemble de croyances élaboré dans les livres sacrés, mais se fondait sur le culte. C'était donc une religion purement liturgique, non révélée ni codifiée. Ainsi les livres sacrés n'étaient-ils en fait que des formulaires de pratiques funéraires, qui variaient dans le temps en fonction des conditions historiques et politiques.

Nombreuses étaient les divinités qui habitaient l'au-delà des Égyptiens. Signalons, outre les divinités primordiales comme le Soleil (Rê), l'Air et l'Humidité (Shou et Tphénis), la Terre et le Ciel (Geb et Nout) et enfin Isis et Osiris, dont le mythe rapporte les nombreuses vicissitudes. On raconte qu'Osiris fut tué par son frère Seth. Ce dernier jeta le cadavre dans le Nil, mais son épouse et sœur Isis, aidée de l'autre frère Nephthys, récupéra son corps et, en le recomposant comme s'il s'agissait de la toute première momie, il réussit à le faire renaître. Osiris devint ainsi le dieu des morts (celui des vivants était Amon). De l'union d'Isis et Osiris naquit Horus, qui vengea son père et instaura une monarchie où le pharaon régnant perpétuait le pouvoir en tant que réincarnation d'Horus.

Comme le culte était une institution d'État, le prêtre suprême était le pharaon lui-même, incarnant tous les dieux, et les prêtres étaient des fonctionnaires au service du dieu, dispensés de tout prosélytisme. D'un côté il y avait donc la religion pratiquée par le pharaon et par un nombre restreint de prêtres ; de l'autre une religion populaire qui, tout en honorant les mêmes divinités, les vénérait d'une manière moins complexe et solennelle que dans les pratiques officielles. Cela transparaît aussi dans les nombreuses légendes qui se sont développées dans les différentes régions de l'empire et qui humanisaient, parfois de manière irrévérencieuse, ces caractères des dieux que les prêtres publics sublimaient au contraire dans leurs spéculations théologiques.

Face à cette forme de religiosité, il existait un ensemble de rites et de formules magiques, d'origine préhistorique, qui furent ensuite élaborés et composés par le collège sacerdotal dans le but de recréer et de maintenir dans l'au-delà l'ordre préétabli. C'est pourquoi le culte officiel acceptait la magie comme une science enseignée par les dieux, même si elle n'était pas fondée sur cette dernière. Visant à chasser les esprits malins, les animaux féroces, les maladies et le mauvais œil, la magie fut pratiquée par toutes les classes sociales par le biais de formules et par la possession d'amulettes représentant les dieux et leurs emblèmes : il suffisait par exemple au passant de boire un peu d'eau, après l'avoir fait couler sur les images dessinées au début des pistes du désert, afin d'être protégé des piqûres de serpents et de scorpions ; pendant le Moyen Empire les noms des populations ennemies, des chefs des adversaires ou des rebelles étaient gravés sur des figurines qui ensuite étaient brisées, brûlées et enterrées.

Égypte, Louxor, temple, XIVe siècle avant J.-C.

Statue de Ramsès II

L'architecture

Au cours de leurs fouilles, les archéologues n'ont pu trouver qu'un nombre restreint d'agglomérations urbaines. Cela s'explique aussi bien par la stratification millénaire des villes modernes, qui se sont superposées aux anciennes en effaçant leurs structures, que par la nature périssable des matériaux utilisés pour les bâtiments publics et privés, pour lesquels on utilisait des briques crues ou du bois, que les agents atmosphériques ou les calamités naturelles pouvaient facilement détruire. Seuls trois sites ont été repérés et fouillés sur le territoire égyptien : Akhetaton (« l'Horizon d'Aten »), qui devint la capitale éphémère du pharaon Aménophis IV Akhenaton ; Illahoun, l'ancien Hotep-Senousrit (« Sésostris est satisfait »), un village ouvrier ; Deir el-Médineh, près de Thèbes, construit pour accueillir les ouvriers, les artisans et les artistes affectés au terrassement et à la décoration des tombes royales dans la Vallée des Rois et la Vallée des Reines.

À la différence des bâtiments civils, les bâtiments religieux étaient construits en brique et en pierre, autrement dit avec des matériaux solides, car ils étaient censés durer pour l'éternité. L'architecture religieuse était en effet la transposition en pierre de la théologie égyptienne. Les ensembles funéraires étaient fréquentés par le peuple surtout pendant les célébrations des festivités liées au culte du roi. Ils étaient constitués d'une ou de plusieurs pyramides (la tombe du pharaon), de temples affectés au culte du souverain, extérieurs à ces dernières, et d'autres édifices de cérémonies reliés les uns aux autres par des routes surélevées et couvertes.

Ces ensembles étaient des unités en soi répondant, comme dans le cas des temples, à des exigences rituelles particulières, et étaient réalisés selon des normes précises, qu'il n'est pas toujours aisé de cerner. Le temple (périptère, à ciel ouvert et entouré d'un portique, ou couvert et composé d'une suite de salles de plus en plus étroites) était la demeure du dieu, la manifestation terrestre de son horizon céleste, où le peuple n'était pas admis : ne pouvaient y entrer que le pharaon ou les prêtres préposés au culte. On peut en observer deux exemples intéressants à Louxor-Karnak (Thèbes) et à Abou-Simbel.

Égypte, Karnak, sanctuaire d'Amon (détail), XVIe-XIe siècles avant J.-C.

Statue d'Horus

Louxor et Karnak

À Thèbes, qu'Homère décrivait comme « la ville des cent portes » (*Iliade*, IX, 383-385) et qui fut prospère pendant tout le Moyen (2040-1786 avant J.-C.) et le Nouvel Empire (1567-1085 avant J.-C.), sont conservés différents temples : le temple de Louxor, le groupe de temples connu sous le nom de temple de Karnak et d'autres moins célèbres, qui ne firent l'objet de fouilles scientifiques qu'à partir de 1895 sous la direction de G. Legrain – c'est lui qui reconstitua certaines des structures présentes.

Le premier représentait la chapelle du Nouvel An du temple de Karnak, où se manifestait le pouvoir du dieu Amon : il était caractérisé par un véritable sanctuaire et par une salle hypostyle qui faisait la liaison avec les cours ornées d'arcades. Cet édifice était étroitement relié au groupe de monuments de Karnak, situés plus au nord, par une route de 2 kilomètres bordée de sphinx. À cet endroit surgirent de nombreux édifices sacrés, dont le temple de Khonsou, le temple d'Aménophis et de Mout (l'épouse d'Amon) entouré d'un lac sacré, et le temple d'Amon lui-même. Après la vaste cour dotée de deux rangées de sphinx et les colossales statues de Ramsès II et de Ramsès III, se trouvaient le temple de Ramsès III et une grande salle hypostyle, présentant 134 colonnes.

Plus loin on rencontrait d'abord le sanctuaire des barques sacrées, puis une autre cour, pour arriver enfin dans l'antique sanctuaire, construit dès la XIIe dynastie et dont ont été mises au jour les fondations. Ces édifices étaient tous ornés de statues, il n'y a donc pas lieu de s'étonner si, lorsque les salles étaient trop encombrées, on décidait de les « nettoyer » pour céder la place aux nouveaux dons. Cela est attesté par la découverte d'un dépôt d'objets enlevés, à l'époque ptolémaïque, de l'intérieur du sanctuaire et déposés sous un pylône de la structure.

Égypte, Karnak, sanctuaire d'Amon (détail), XVIe-XIe siècles avant J.-C.

Égypte, Dendérah, complexe du temple d'Hathor, Ier siècle avant J.-C.

Abou-Simbel

Abou-Simbel, construite dans l'aire méridionale du territoire égyptien, vit la construction de deux importants et grandioses hypogées pendant le règne de Ramsès II (XXe dynastie), le grand temple et le temple d'Hathor. Le premier édifice fut réalisé en creusant horizontalement le flanc de la chaîne montagneuse de Libye, sur une profondeur de 63 mètres (38 m de large et 33 m de haut), et l'on sculpta dans la façade principale quatre statues colossales en position assise (Ramsès II, 20 m de haut) ainsi que d'autres personnages de la cour, de dimensions inférieures. À l'intérieur se trouvait un *pronaos* avec huit piliers auxquels étaient adossées les statues d'Osiris sous les traits de Ramsès II, et les murs étaient peints de scènes représentant les épopées militaires accomplies par le souverain. Plus loin on accédait d'abord à un vestibule et l'on passait ensuite d'une petite salle au sanctuaire proprement dit. Ici aussi, comme à l'extérieur du temple, de nombreuses statues glorifiaient le pharaon en l'associant à Amon et à d'autres divinités.

L'autre temple, situé plus au nord, était également creusé dans le roc et présentait sept contreforts, dont celui du centre donnait accès au sanctuaire. L'entrée était magnifiée par la présence de statues colossales de Ramsès II et de son épouse Nefertari, figurée sous les traits de la déesse Hathor, et de leurs enfants. Comme dans le temple principal, la disposition interne comportait un *pronaos*, un vestibule et un sanctuaire, et sur les murs étaient peintes des scènes de sacrifices et d'offrandes rituelles.

Égypte, Abou-Simbel, grand temple de Ramsès II, XIIIe siècle avant J.-C.

Égypte, Wadi Es-Sebu (Assouan),
temple de Ramsès II, XIIIe siècle avant J.-C.

Assouan

Située en Haute-Égypte, la ville d'Assouan s'étendait aux confins méridionaux du royaume. Elle avait été construite à la limite sud de la première cataracte, à un endroit où le Nil présente de charmantes petites îles. Sur ces îles, les éléments intéressants pour l'histoire antique se mêlent inextricablement aux événements de l'histoire moderne de ce pays. Au cours de la période des Ptolémées, au IIIe siècle après J.-C., sur l'île de Philae avait été construit l'un des ensembles de temples les plus intéressants de l'Égypte ancienne, illustrant de manière remarquable le système de construction fondé sur l'emploi du pylône et de l'architrave. Le temple dédié à Isis représente le dernier bastion de l'ancienne religion égyptienne et le dernier lieu où l'on utilisait encore l'écriture hiéroglyphique, abolie par l'empereur Théodose en 394 après J.-C. Après la construction de la digue à la première cataracte par les Anglais, entre 1898 et 1912, l'île de Philae n'émergeait plus des eaux du Nil qu'aux mois d'août et de septembre, et était recouverte par les eaux du fleuve le reste de l'année. Avec la construction de la seconde digue, la haute digue, dans les années soixante, il était évident que l'île de Philae était destinée à être submergée de manière définitive et irréversible. On décida alors de déplacer le temple sur un nouveau site et, entre 1977 et 1980, il fut littéralement transféré et réassemblé sur l'île plus élevée d'Agilkia – il continue toutefois à être connu sous le nom de temple de Philae. Grâce à cette solution fort hardie, il est possible aujourd'hui encore, en arrivant par bateau depuis l'est, d'embrasser du regard l'articulation bien ordonnée et linéaire de ce temple, composé d'une première entrée, d'une cour couverte et d'une seconde entrée, suivie d'une salle hypostyle couverte et d'un sanctuaire.

Égypte, Assouan, temple d'Isis à Philae, IIIe-Ier siècles avant J.-C.

Turquie, Éphèse (Selçuk), ruines romaines,
IIe siècle avant J.-C.

Moyen-Orient et Anatolie

En suivant la course du soleil

Jordanie, Pétra, monastère (ed-Deir),
1er siècle avant J.-C.

Pétra

Parcouru pendant des millénaires par des groupes restreints de nomades et par des armées conduites d'un bout à l'autre du monde, le territoire moyen-oriental conserve, comme en une grande section stratigraphique, un nombre considérable de témoignages humains allant du VIIe millénaire avant J.-C. à des époques plus récentes. Parmi les différentes civilisations qui ont fleuri dans cette vaste région se distingue surtout, pour sa richesse sociale et culturelle, celle des Nabatéens. Sans doute originaires d'Arabie orientale, ils possédaient un royaume relativement puissant – au moins à partir du IVe siècle avant J.-C., comme l'enregistrent de nombreux écrivains de l'Antiquité – qui s'étendait dans l'Arabie septentrionale entre la Syrie, la Judée et l'Égypte. Prospères à la fin de l'époque hellénistique et au début de l'époque impériale, les Nabatéens furent vaincus en 106 après J.-C. par Trajan, qui respecta toutefois leurs villes et leurs lieux sacrés. La capitale Pétra, située actuellement en Jordanie, a été florissante pendant près de quatre cents ans (jusqu'à la conquête romaine) et présente aujourd'hui encore des traces suggestives de cette civilisation, dont on conserve des inscriptions même à Pozzuoli. Fouillée à partir du XIXe siècle, elle devint célèbre surtout pour sa vaste zone de culte et pour son cimetière disposés le long d'une étroite vallée qui débouche sur la ville, riche en temples creusés dans le roc (un grès rouge vif) et dotés de façades monumentales, riche aussi en tombes de souverains et de citoyens ordinaires. Les monuments de Pétra, qui constituent le témoignage le plus significatif de la haute connaissance technique et du génie des Nabatéens, influencés par l'art hellénistique, sont aussi le symbole d'un pouvoir politico-économique dérivé du contrôle du réseau routier. Ces célèbres routes de caravanes, qui transportaient les soies chatoyantes, les épices et les parfums, assuraient les liaisons entre la Chine, l'Inde, l'Arabie méridionale et les marchands méditerranéens de la Grèce, de Rome, de l'Égypte et de la Syrie.

Jordanie, Pétra, tombes rupestres, IIe siècle avant J.-C.-Ier siècle après J.-C. environ.

Jordanie, Pétra, tombes de style corinthien (à gauche) et palais (à droite), Ier siècle av. J.-C.-IIe siècle apr. J.-C.

Jordanie, forteresse de Macheronte,
Ier siècle avant J.-C.-Ier siècle après J.-C.

Macheronte et Massada

À l'est de la mer Morte et aux confins du grand État des Nabatéens se dressait la forteresse de Macheronte qui non seulement jouait un rôle défensif mais constituait, avec Hérodion et Massada, le symbole de la résistance désespérée des juifs contre l'occupation romaine.

Ces trois sites, construits par Hérode le Grand, se trouvaient tous dans une position élevée. Érigée comme forteresse dès l'an 90 avant Jésus-Christ par Alexandre Jannée, dans une zone d'appartenance asmonéenne, Macheronte fut, toutefois, détruite en 57 avant J.-C. par une expédition romaine conduite par Gabinius. Reconstruite par Hérode le Grand, elle échut en héritage à Hérode Antipas. L'historien Flavius Josèphe la mentionne dans ses écrits car c'est la ville où Jean-Baptiste fut tout d'abord emprisonné, puis assassiné. Cette seconde phase de la vie de la forteresse se conclut aussi avec violence et de manière définitive au terme de la première guerre judaïque de 72 avant J.-C. Les missions de fouilles, coordonnées par le Studium Biblicum Franciscanum de Jérusalem, qui y furent effectuées de 1978 à 1982, non seulement ont confirmé l'existence des deux époques distinctes connues par ce site fortifié, mais ont aussi fourni une quantité considérable de matériaux en terre cuite, fort utiles pour en découvrir les typologies récurrentes en usage dans cette région.

Massada, symbole national pour Israël, est également une forteresse occupant une position géographique exceptionnelle : entourée d'une nature luxuriante, elle se dresse sur une montagne isolée qui domine la vallée au-delà même de la mer Morte. Construite au Ier siècle avant J.-C., devant la menace que représentaient l'Égypte et Cléopâtre, elle devint, à la mort d'Hérode en 4 après J.-C., un *praesidium* romain. En 66 après J.-C., elle fut prise par les zélotes, un groupe connu pour son profond engagement dans la religion juive qui nourrissait son vif sentiment nationaliste. Le peuple de Massada, composé d'environ mille personnes, femmes et enfants compris, résista au siège romain pendant trois bonnes années. En 73 après J.-C., lorsque les Romains construisirent une énorme rampe de siège, qui partait de l'ouest et atteignait le sommet de Massada, les zélotes comprirent que leur défaite était proche. Leur chef Eléazar Ben Yai leur ordonna alors de se donner la mort plutôt que de se rendre aux Romains. Ce qui advint.

Israël, Massada, forteresse d'Hérode (détail), Ier siècle avant J.-C.-Ier siècle après J.-C.

Israël, Massada, forteresse d'Hérode (détail), Ier siècle avant J.-C.-Ier siècle après J.-C.

Israël, Jérusalem, fouilles à l'esplanade du Temple, IIIe millénaire avant J.-C.-VIIe siècle après J.-C.

Hérodion

Hérodion, situé à 7 milles au sud de Jérusalem, est un palais-forteresse construit par Hérode autour de l'an 24 avant J.-C., passé sous le contrôle des rebelles judéens. Occupé ensuite par les Romains, le site devint l'un des centres de commandement de la révolte de Bar-Kokheba en 132-135 après J.-C.

Située sur une colline surélevée artificiellement, la forteresse est entourée de tours circulaires et dotée d'une voie d'accès abrupte taillée dans la pierre. À l'intérieur, protégés par de puissants remparts, se trouvent les appartements royaux. Les premières fouilles d'Hérodion furent conduites entre 1962 et 1967 par une expédition dirigée par l'Italien Virginio Corbo qui, à l'intérieur, découvrit une synagogue rectangulaire et, à proximité, une vaste cour à colonnades. Les vestiges de cette salle indiquent deux phases distinctes d'implantation : au cours de la première, cette salle servit à Hérode de grand *triclinium*, ou salle à manger ; durant la révolte de 66-73 après J.-C., les rebelles judéens la transformèrent en y ajoutant des rangées de bancs à l'intérieur et un bassin rituel près de l'entrée. Comme les synagogues de Gamla, Massada et Capharnaüm, la synagogue d'Hérodion est un exemple du style dit « galiléen », qui se caractérise par des rangées de bancs disposés le long des murs et par des colonnes séparant l'assemblée du centre de la salle.

Israël, Hérodion, forteresse d'Hérode, Ier siècle avant J.-C.-IIe siècle après J.-C.

Oasis de Jéricho, wadi l-Nuwaylima : le palais de Hisham, VIIIe siècle.

Israël

Naturellement c'est la ville sainte de Jérusalem, lieu d'une haute signification historique et spirituelle pour les trois grandes religions monothéistes, qui est le cœur de l'histoire d'Israël. Sa fondation, qui remonte au IVe millénaire avant J.-C., se précise sur le plan urbanistique à l'époque de David et surtout de Salomon (961-922 avant. J.-C.), qui y fait construire le palais et le Temple.

Les fouilles archéologiques, entreprises à l'intérieur et à l'extérieur de la ville dès le milieu du XIXe siècle, ont mis au jour des témoignages de plus de trente siècles d'histoire. Parmi les zones les plus intéressantes figurent le Jardin archéologique d'Ophel, qui s'étend sous l'angle sud-oriental de l'esplanade du Temple, avec vingt-cinq strates de ruines attestant la présence de structures édifiées sur 2 500 ans, l'ancien escalier et la porte de Hulda, par laquelle les fidèles accédaient à la cour du deuxième temple, ainsi que les vestiges du palais de la période musulmane remontant au VIIe siècle après J.-C.

Avec la destruction opérée en 70 après J.-C. par les armées conduites par Titus, Jérusalem et la Palestine furent soumises à la puissance romaine. Cependant, Rome ne laissa pas que des signes de destruction derrière elle. Elle offrit aussi de splendides exemples d'urbanisation, comme les colonnes de Césarée (déjà connues sous le nom de tour de Straton). Située à 30 kilomètres au sud de Haïfa, et construite en l'honneur d'Octave Auguste dans les années 20-9 avant J.-C., cette ville abrite le plus grand port de Palestine. De même, Gerasa fut fondée en Transjordanie, sans doute par Alexandre le Grand, et fut réédifiée par les Romains aux Ier et IIe siècles après J.-C. Ces derniers y appliquèrent leur plan classique colonial : de part et d'autre des deux principaux axes routiers se trouvaient le *forum*, le *capitolium*, les édifices consacrés aux spectacles et les thermes, alimentés par un aqueduc qui desservait également les habitations privées.

Jordanie, Gerasa, du *cardus maximus* au forum ovale, Ier siècle avant J.-C.-IIe siècle après J.-C.

Israël, Césarée de Palestine, structure urbaine et zone portuaire, fin du Ier siècle avant J.-C.

Turquie, Hattousa, XVIe-XIIIe siècles avant J.-C.

94 Turquie, Hiérapolis (Pamukkale), *martyrium* de saint Philippe, ve siècle après J.-C.

Turquie, Éphèse (Selçuk), basilique Saint-Jean, 527-565.

Turquie, Milet, sanctuaire d'Apollon (détail), seconde moitié du IVe siècle avant J.-C.

Turquie

Le territoire de la Turquie actuelle coïncidait, selon les mythes grecs, avec le pays où se lève le soleil et où les ténèbres tombent le plus tôt. C'est là que la mythologie situait le jardin des Hespérides, les filles de la Nuit, où la Discorde avait cueilli la pomme qui aurait provoqué la guerre de Troie. Là demeuraient les terribles Gorgones, monstres au corps humain et à la tête entourée de serpents, dont le regard était si pénétrant qu'il transformait en pierre tout être qui venait à le croiser. La légende raconte que Persée parvint à tuer Méduse en lui coupant la tête près du site d'Iconion, l'actuelle Konya. Les fouilles archéologiques conduites entre les XIXe et XXe siècles ont montré que dès le IVe millénaire avant J.-C. il y eut des installations de populations nomades venues d'Asie centrale, alors que parallèlement fleurissaient les grandes civilisations mésopotamiennes. Autour du IIIe millénaire, se développait au centre de la péninsule le peuple des Hatti, auquel se superposèrent les Hittites d'origine indo-européenne, qui avaient pour capitale Hattousa Cette ville fut découverte en 1834 par le voyageur et artiste français C Texier, mais ce n'est qu'en 1913, sous la direction de H. Wickler, que commencèrent les fouilles systématiques qui permirent de mettre au jour les vestiges archéologiques d'un village transformé ensuite en colonie. Cette colonie, fortifiée par une ceinture de remparts de plus de 5 kilomètres et dotée d'édifices civils et de nombreux temples, était devenue le siège du pouvoir hittite en Anatolie au XVe siècle avant J.-C. On trouva aussi un très grand nombre de tablettes inscrites en caractères cunéiformes qui nous ont fourni de très précieuses informations sur les Hittites, sur leurs souverains et sur une organisation du pouvoir qui rappelle l'ordonnancement hiérarchique de l'Europe durant la période féodale. Le déclin de Hattousa eut lieu autour des XIIIe-XIIe siècles avant J.-C., à cause de pressions et d'invasions extérieures, plus ou moins en concomitance avec la chute de Troie sous le fer des Achéens. Commence alors une nouvelle ère pour la péninsule anatolienne, qui voit une intense activité migratoire à partir de la péninsule hellénique et qui mène à la fondation de villes grecques jusqu'à la mer d'Azov, en créant naturellement les conditions requises pour le fort développement urbanistique qui caractérisera l'Asie Mineure. C'est précisément par des peuples grecs de souche ionienne que fut fondée, entre la fin du XIIe siècle et le début du XIe siècle avant J.-C., la ville de Milet, prospère surtout entre les VIIe et VIe siècles grâce au commerce favorisé par les quatre ports dont elle était dotée. Détruite par les Perses en 494 avant J.-C., cette cité fut reconstruite à partir de 479 avant J.-C. selon un plan urbanistique régulier en échiquier, conforme aux préceptes d'Hippodamos de Milet : il estimait qu'aux différentes fonctions citadines – politique, religieuse, commerciale, éducative et résidentielle – devaient correspondre des aires précises pour les différents édifices. Apollon était la divinité tutélaire de la ville. Frère jumeau d'Artémis, si l'on en croit la légende, il naquit sous un buisson de laurier de l'union de Léto et de Zeus. Près de Didymes, située à 20 kilomètres environ au sud de Milet, le petit *naïskos* (VIIe-VIe siècles avant J.-C., entouré au IVe siècle avant J.-C. du temple périptère ionien à cent huit colonnes) contenait une statue du dieu, un laurier et une fontaine sacrée, éléments primaires et essentiels pour l'interprétation des oracles. La présence de cette fontaine sacrée nous rappelle que cette divinité joua aussi le rôle de dieu de la Santé (c'est de lui en effet que descend le dieu de la Médecine, Esculape), et son culte fut souvent associé aux sources d'eaux thermales, dont les propriétés curatives étaient déjà connues en Grèce et dans l'Orient hellénisé, même si c'est surtout pendant la période romaine que la fonction thérapeutique de ces eaux fut stimulée et largement exploitée. La diffusion des thermes s'amplifia également en Turquie, et l'on vit apparaître des stations thermales qui devinrent célèbres : Aspendos, dans le sud de la Pamphylie, et surtout l'ancienne Hiérapolis. Les sources surgissant près de cette localité, dont les eaux thermales riches en oxydes de calcium ont formé des concrétions très blanches se superposant aux structures rocheuses de travertin, sont devenues les éléments marquants du paysage. Le toponyme moderne Pamukkale signifie précisément « Château de coton », du fait de l'impression visuelle qu'elles donnent de loin. Un tremblement de terre a détruit Hiérapolis en 17 après J.-C., mais la cité fut immédiatement reconstruite par l'empereur Tibère pour permettre à la population de bénéficier à nouveau de ces sources, alors considérées comme prodigieuses.

Turquie, Éphèse (Selçuk), bibliothèque de Celse, 114.

Turquie, Ephese (Selçuk), théâtre et Voie sacrée, milieu du IIe siècle apres J.-C.

Théâtres romains

Apollon n'est pas le seul à avoir fait l'objet d'une profonde vénération en Asie Mineure. Sa sœur Artémis, déesse d'une origine très ancienne et aux multiples attributs, jouissait d'un culte fervent et fut même élue divinité tutélaire d'Éphèse, où on lui dédia un sanctuaire de renommée « internationale ». Fréquenté dès le VIIIe siècle, comme l'attestent les ex-voto qui y ont été trouvés, ce lieu vit la construction de monuments importants au VIe siècle avant J.-C. qui connurent de grandes réfections au IVe siècle avant J.-C. Ce sanctuaire, comme celui de Milet, était situé en dehors de la ville, au pied d'une colline, et l'on pouvait s'y rendre par une route monumentale flanquée d'arcades qui le reliait à la cité. Le centre urbain d'Éphèse, qui s'était développé sans plan urbanistique régulier, fit l'objet d'interventions conséquentes pendant les périodes hellénistique et romaine. C'est en effet au cours de ces deux phases qu'ont été édifiées la plupart des constructions présentes, dont nous signalerons tout particulièrement le théâtre, creusé dans une conque naturelle du terrain et considérablement modifié sous l'empire, surtout au niveau de la scène, agrémentée d'une façade monumentale où se superposent les trois ordres architecturaux.

L'intervention romaine opérée dans ce théâtre fut du reste l'une des nombreuses entreprises effectuées pendant l'époque impériale – à Milet, par exemple, l'ancien théâtre du IVe siècle, adossé à la colline, fut agrandi au IIe siècle après J.-C. et le nombre des places assises passa à quinze mille. Toutefois, si les interventions de l'époque romaine consistaient en une simple restauration ou adaptation des structures théâtrales préexistantes à l'augmentation démographique et aux nouveaux genres dramatiques émergents (comme le mime et la pantomime), il arrivait aussi que l'on en construisît de toutes nouvelles. C'est le cas d'Aspendos, où l'on admire le mieux conservé et sans doute le plus beau de tous les théâtres romains de la péninsule anatolienne. Ce splendide monument fut érigé *ex novo* au IIe siècle après J.-C. grâce à la générosité de deux frères, Curtius Crispinus et Curtius Auspicatus. Son excellent état de conservation s'explique aussi par le fait que les Séleucides le transformèrent plus tard en palais.

Turquie, Milet, théâtre, milieu du IIe siècle après J.-C.

Turquie, Pergè (Murtina), théâtre, milieu du IIe siècle après J.-C.

Turquie, Aspendos, théâtre,
milieu du IIe siècle après J.-C.

Italie, Paestum, ensemble de temples,
VIe-Ve siècles avant J.-C.

Grèce
et Grande-Grèce
L'âge classique

Porte des Lions

Mycènes

Au début du XVIe siècle avant Jésus-Christ, le centre de la civilisation égéenne se déplace vers la Grèce péninsulaire, surtout dans les régions baignées par la mer Égée, comme le Péloponnèse, la Béotie, la Thessalie, etc.

Ces régions étaient habitées par les Achéens, nom qui désignait tous les Grecs, et en particulier ceux de Morée. Aux XIVe-XIIIe siècles avant J.-C., les Achéens commencèrent leur activité de migration-colonisation aussi bien dans le milieu insulaire, où ils parvinrent à contrôler même la Crète minoenne, qu'en Anatolie et le long des côtes méridionales de la mer Noire, comme en témoignent les épisodes liés à la guerre et à la destruction de Troie. Leur civilisation prend alors le nom de mycénienne. Grâce aussi aux poèmes homériques dont elle est la protagoniste incontestée, elle va jouir d'une renommée dont la durée dépassera, et de loin, celle que lui a concédée l'histoire qui la voit succomber et disparaître, ainsi que son écriture, le linéaire B, dès le XIIe siècle avant J.-C.

La destruction de Mycènes, ville emblématique pour avoir donné son nom à cette phase culturelle, et pour être la ville d'Agamemnon, le seigneur des Achéens dans la guerre de Troie, semble compromettre de manière définitive le rôle hégémonique de la péninsule helladique dans le bassin méditerranéen. Ceinte de puissants remparts cyclopéens et s'articulant entre le palais avec mégaron (la salle du trône richement ornée du seigneur mycénien), les luxueuses demeures et le secteur des tombes royales dans ledit cercle de la nécropole A, l'acropole ne semble plus que le symbole d'une grandeur à jamais révolue.

Grèce, Mycènes, acropole, helladique récent, Ier-IIIe, XVIe-XIIe siècles avant J.-C.

Grèce, Mycènes, cercle A des tombes royales, XIVe-XIIIe siècles avant J.-C.

Les cariatides de l'Érechthéion

Athènes

Autour du VIIIe siècle avant J.-C., la conjoncture régressive et les tribulations du monde grec en butte à la « guerre contre Troie » et à l'« invasion dorienne » débouchent sur la fondation suprême de la *polis*, véritable communauté de citoyens responsables face à une loi définie par un accord commun. Grâce à ce présupposé politico-institutionnel, la nation grecque réacquiert sa vivacité et reprend une place prépondérante dans l'échiquier méditerranéen.

La reconquête de ce rôle est à nouveau symbolisée par une acropole, cette fois celle d'Athènes qui, par sa complexe statigraphie et par ses dimensions monumentales, synthétise l'histoire d'un parcours ardu, mais bénéfique, de récupération et de reconstitution d'une thalassocratie. C'est un lieu exclusivement sacré dès le VIIIe siècle avant J.-C., et la destruction perse de 480 avant J.-C. ne put empêcher le monument de s'imposer comme le phare de la civilisation grecque : en passant des structures défensives de Thémistocle, réalisées aussitôt après la fin de la deuxième guerre perse (mur nord, sous l'Érechthéion) en réemployant des matériaux des anciens édifices sacrés détruits, aux Propylées (l'entrée monumentale) de Cimon, on arrive, comme en une grande synthèse de la période classique de l'art grec, à Périclès. Grâce au sculpteur Phidias et à de très grands architectes comme Ictinos, Callicratès et Mnésiclès, celui-ci conféra à l'Acropole sa plus haute magnificence en achevant les Propylées et en faisant construire la pinacothèque adjacente, le Parthénon et le temple d'Athéna Nikê (alors que l'Érechthéion, terminé en 406 avant J.-C., est à peine postérieur).

La splendeur maximale de l'Acropole reflète alors l'apogée de la puissance d'Athènes : vainqueur suprême des guerres contre la Perse, elle joue en effet le rôle, dans la seconde moitié du Ve siècle avant J.-C., de guide exclusif de la Ligue délio-attique dont le trésor, recelé initialement dans le temple d'Apollon à Délos, fut transporté à Athènes en 454 avant J.-C. L'île de Délos sera totalement purifiée en 426 avant J.-C., et une loi interdira de naître et de mourir sur cette île déclarée sacrée. La Ligue délio-attique, à l'origine destinée à défendre les Grecs contre d'éventuelles attaques des Perses, permet en réalité à Athènes de s'assurer le contrôle militaire et économique sur la mer Égée.

Grèce, Athènes, Acropole vue de l'ouest, Ve siècle avant J.-C.

Grèce, Athènes, Propylées, Parthénon
et Érechthéion, ve siècle avant J.-C.

SHARP
SKC

Grèce, Athènes, Odéon d'Hérode Atticus, IIe siècle apr. J.-C. et portique d'Eumène, IIe siècle av. J.-C.

Grèce, Athènes, Théséion/Héphaïstéion,
Ve siècle avant J.-C.

« Quand le jour aux blancs coursiers épand sa clarté sur la terre, voici que, sonore, une clameur s'élève du côté des Grecs, modulée comme un hymne, cependant que l'écho des rochers de l'île en répète l'éclat. Et la terreur alors saisit tous les barbares, déçus dans leur attente ; car ce n'était pas pour fuir que les Grecs entonnaient ce péan solennel, mais bien pour marcher au combat, pleins de valeureuse assurance. »

Eschyle, *Les Perses*, v. 385 *sqq*, trad. de Paul Mazon.

Delphes et Olympie

Si l'Acropole d'Athènes devient le symbole du dynamisme gagnant des *poleis* grecques, les préoccupations religieuses et architecturales sensibles dans les sanctuaires panhelléniques de la péninsule grecque sont tout autant significatives car, à partir du VIIIe siècle avant J.-C., ces lieux de culte deviennent un point de référence pour toute la grécité méditerranéenne. En effet, dans le sanctuaire d'Apollon, à Delphes, on vénérait l'*omphalos* (ombilic), une pierre dotée d'un pouvoir magnétique, cet objet de culte étant considéré comme le centre du monde.

Du reste le sanctuaire, placé dans cette magnifique localité de la Phocide, jouait un rôle très important dans l'histoire grecque : siège de l'oracle d'Apollon (recueilli dans la *tholos*, le temple circulaire de Delphes, et interprété par la Pythie, la prêtresse sacrée qui entrait alors en transe), on y envoyait les ambassades de toutes les cités-État en quête d'avis sur des problèmes d'importance politique vitale, comme la fondation d'une colonie ou la nomination de magistrats. En pratique, entre les VIIIe et IVe siècles avant J.-C., on ne fonda point la moindre colonie sans avoir consulté l'oracle, auprès duquel se rendaient aussi des foules de pèlerins venus de la Grèce tout entière ainsi que des souverains étrangers, comme le roi Crésus de Lydie. Ce sanctuaire exerçait une telle influence culturelle que Socrate lui-même adopta comme précepte pédagogique la célèbre devise « Connais-toi toi-même », qui était gravée sur l'un des murs du temple d'Apollon à Delphes.

Ce sanctuaire d'Apollon figurait, en outre, parmi les quatre sanctuaires de la *periodos*, autrement dit les sanctuaires où tous les deux ou quatre ans étaient organisés de grands concours panhelléniques. Dans le sanctuaire de Delphes se disputaient tous les quatre ans les jeux pythiques qui, à l'origine, n'étaient que des joutes musicales. Ce n'est qu'en 582 avant J.-C. que furent introduites les compétitions sportives.

Mais les compétitions panhelléniques les plus importantes se déroulaient dans un autre sanctuaire de la *periodos* : celui de Zeus, à Olympie. Institués à partir de 776 avant J.-C., les jeux Olympiques, qui se tenaient tous les quatre ans en l'honneur de Zeus, à la fin de l'été, pendant cinq jours consécutifs, prirent une telle importance dans tout le monde grec qu'ils devinrent la base de tout son calcul chronologique. Les Grecs décidèrent en effet de mesurer les années à partir de la première Olympiade.

La compétition, le défi, y compris le défi sportif, sont un aspect caractéristique de la civilisation grecque. Dès l'entrée du sanctuaire d'Olympie, on note la présence d'un gymnase à droite et d'une salle de gymnastique à gauche, et des espaces architecturaux qui, bien qu'ils soient plus tardifs (IIIe siècle avant J.-C.), démontrent la persistance de la vive attention prêtée à l'exercice des corps.

Dans le monde grec, la victoire sportive jouit de la même considération que les prestations artistiques et permet d'atteindre à la renommée. Les villes accordaient aux vainqueurs des jeux Olympiques des fêtes et des cérémonies de l'ampleur de celles réservées aux personnages publics les plus importants. On érigeait en leur honneur des statues et on leur composait des hymnes. Quant aux vaincus, en dépit de la devise moderne, et fort récurrente, selon laquelle « l'important, c'est de participer, non pas de gagner », ils rentraient chez eux, honteux et raillés et, comme disait Pindare, « par des sentiers cachés et détournés ».

Grèce, Olympie, sanctuaire de Zeus, Bouleutêrion, VIe siècle avant J.-C.

Grèce, Olympie, sanctuaire de Zeus,
vue panoramique, 471-456 avant J.-C.

Grèce, Delphes, sanctuaire d'Apollon,
VIe siècle avant J.-C.-IVe siècle après J.-C.

Grèce, Delphes, sanctuaire d'Apollon : Marmaria et la Tholos, fin du Vᵉ siècle avant J.-C.

Grèce, Délos, quartier du théâtre, habitations, IIe-Ier siècles avant J.-C.

Colonies grecques en Grande-Grèce et en Sicile

Entre les VIIIe et VIe siècles avant J.-C., la fondation des villes grecques dans les colonies d'Occident, et plus particulièrement en Sicile et en Grande-Grèce, atteste que la crise du Moyen Âge hellénique, autrement dit la crise que l'Hellade avait subie à la fin du IIe millénaire avec l'invasion des Doriens et le déclin de la civilisation mycénienne, était désormais bel et bien dépassée.

Disposés plus que tout autre peuple à accueillir et à réélaborer les conquêtes intellectuelles de cultures étrangères, les Grecs démontrèrent qu'ils avaient repris goût aux activités de l'esprit et retrouvé l'audace nécessaire pour tenter de nouvelles expériences et laisser libre cours à leur imagination.

En Occident, cette ouverture put s'exercer dans un champ d'action dénué de toute contrainte, et c'est précisément au sein des nouvelles colonies que ce patrimoine culturel – auquel l'Europe doit les fondements de sa civilisation – connut un regain de vitalité et une immédiateté plus marquée.

Même si ces territoires restaient entièrement à découvrir, les Grecs d'Occident firent montre d'une admirable capacité d'adaptation et se développèrent en toute autonomie, comme en témoignent les nombreux vestiges encore visibles sur les côtes de l'Italie méridionale et en Sicile. La lecture de ces architectures monumentales, et plus particulièrement des temples érigés dès le début du VIe siècle avant J.-C., révèle des solutions originales et totalement indépendantes par rapport à celles en usage dans les *metropoleis*, les villes mères de Grèce.

Les temples et les aires sacrées qui les recèlent n'étaient pas seulement le pivot de la vie des colonies. Souvent érigés sur les marges des terres occupées, ils avaient la double fonction de protection sacrale et d'instrument de propagande et de persuasion : c'étaient en effet l'exercice de leurs cultes et la présence concrète de leurs divinités qui garantissaient aux Grecs émigrés en Occident l'ordonnancement de leur vie en commun et leur supériorité sur les populations indigènes.

Dans les colonies situées aux frontières – comme Poseidônia-Paestum fondée dans la vallée du Sele, dans une Campanie qui devait bientôt connaître une forte étrusquisation et subir la pression des Lucains, ou comme Sélinonte, dernier bastion grec avant la Sicile punique –, les temples, disposés selon des lignes parallèles, constituent des masses architecturales compactes dont l'effet monumental et représentatif traduit aussi une très nette intention politique. Il faut noter que les Romains, lorsqu'ils restructurent Paestum en 272 avant J.-C., désormais devenue une de leurs colonies, interviennent massivement au niveau urbanistique au centre de la ville, en aménageant le nouveau forum selon leurs canons traditionnels, mais sans procéder à aucune modification dans les aires des temples dont ils préservent au contraire l'importance et la disposition originaires.

Italie, Paestum, temple de Cérès, fin du VIe siècle avant J.-C.

Italie, Paestum, forum et amphithéâtre,
fin du Ier siècle avant J.-C.-Ier siècle après J.-C.

Italie, Paestum, temple de Neptune, 450 avant J.-C.
et basilique, 540-530 avant J.-C.

Agrigente et Ségeste

Le fait que le temple illustre la typologie architecturale à la fois la plus représentative et la plus élaborée du monde grec, destinée à prendre de plus en plus de poids au sein du tissu urbain tout entier et de la communauté en général, est confirmé par ce qui advient dans les colonies grecques de Sicile et de Grande-Grèce à partir de 480 avant J.-C. Alors que les Grecs de la mère patrie célèbrent leur victoire triomphale sur les Perses, les Grecs d'Occident infligent à leur tour une défaite éclatante à leurs plus fiers adversaires de la Méditerranée occidentale, les Puniques. La construction des temples, dans les colonies comme en Grèce, reçoit alors une nouvelle impulsion, et c'est dans ce contexte que surgit un nouvel épicentre de cette architecture en Occident : il s'agit d'Agrigente, « la plus belle ville des vivants », « l'œil de la Sicile » (Pindare, *Pythiques*, 12, 1 ; 2, 9, 15), dont le patrimoine sacral constitue aujourd'hui encore la partie la plus suggestive de la vallée des Temples.

Le concept de temple canonique, caractérisé par sa base rectangulaire et allongée, par sa position isolée, ses dimensions monumentales et l'application de systèmes formels austères et logiques (les ordres architecturaux et la décoration), domine si fortement qu'au Ve siècle avant J.-C. il est exporté tel quel dans le milieu non grec. Ségeste en est un exemple probant : cette ville, dont les cultes étaient largement ignorés et probablement éloignés, à plus d'un titre, des cultes olympiens, adopte toutefois pour ses aires sacrées (le *temenos* – enceinte sacrée – dans la région de Mango et ladite colline occidentale), alors qu'elle est à l'apogée de sa puissance, la typologie du temple grec : un temple périptère, c'est-à-dire doté d'une colonnade courant sur les quatre côtés, en parfait style de Sélinonte pour le *temenos,* et le très célèbre « grand temple » sur la colline occidentale, œuvre à très haute valeur de propagande, réalisée à un moment où Ségeste se pose précisément comme l'antagoniste de Syracuse. Ce rêve politique, qui frôle la folie, devait se conclure tragiquement et fut sanctionné par l'inachèvement de son temple pourtant le plus scénographique et le plus « parlant ».

Italie, Agrigente, temple de la Concorde, 440-430 avant J.-C.

Italie, Agrigente, temple d'Héra Lacinia,
450 avant J.-C.

Grèce : la diffusion du modèle

Lorsqu'on réfléchit à ces vecteurs de la civilisation grecque en Occident, on ne peut pas ne pas remarquer que c'est précisément à cette civilisation que Rome doit sa transformation d'*urbs italica* en sa forme particulière d'État, où un docte disciple de Platon et d'Aristote, Héraclide du Pont, voyait une *polis hellenés*, comme s'il s'agissait de la dernière et de la plus fortunée des fondations coloniales de Grande-Grèce.

Dans tous les cas on peut lire dans cette affirmation une sorte de passage symbolique du flambeau dans la mesure où Rome se retrouve à faire œuvre, dans le sillage idéal de la grécité et en clôturant quasiment un grand cycle historique, d'une colonisation qui ne connaîtra pas d'égale dans le monde antique – elle ira jusqu'à fonder elle-même des villes en Grèce. Le splendide temple de Nicopolis, au sud-ouest de l'Épire, qu'Octave Auguste a redessiné sur la péninsule de Preveza, le démontre pleinement. Il ne fait pas de doute que Nicopolis est une colonisation « à la romaine ». Il ne s'agit pas, en effet, d'une colonie établie dans un esprit de peuplement, mais d'une implantation forcée de citoyens pris de Leucade et d'Acarnanie, contraints à s'installer en ce lieu pour célébrer la victoire qu'Octave a remportée sur Antoine et Cléopâtre à Actium en 31 avant J.-C. Mais la volonté d'insérer cette ville dans le circuit de la *periodos*, avec l'institution des concours d'Actium qui devaient se tenir tous les quatre ans, est également un acte forcé. Ces jeux, qui consistaient en compétitions musicales et athlétiques, étaient dépourvus de toute dimension sacrée ; ils avaient pour tâche toute nouvelle de nourrir le culte de la figure impériale.

Italie, Ségeste, temple, Ve siècle avant J.-C.

 Grèce, Nicopolis, théâtre, Ier siècle avant J.-C.

Italie, Tivoli, villa Hadriana, IIe siècle après J.-C.

Rome
De l'Europe à l'Afrique

Arc de Titus

Voyage dans le temps au cœur de la ville des villes

Aucun endroit au monde ne réunit autant de traces du passé et autant d'époques différentes que la ville de Rome. Ses monuments offrent en effet aux visiteurs la possibilité de « lire » son histoire tout entière, des plus anciennes cabanes villanoviennes de l'âge du fer aux constructions les plus récentes.

La légende de sa fondation en l'an 753 avant J.-C., où la tradition romaine de Romulus, fils de Mars, se mêle aux éléments d'origine grecque en la figure du héros troyen Énée, semble trouver un fondement dans la réalité historique : autour des Xe-IXe siècles s'installa en effet sur le mont Palatin une population qui pratiquait la crémation et que l'on peut définir villanovienne.

La communauté du Palatin s'étendit ensuite sur les sept collines s'élevant à la gauche du Tibre et sur l'espace entourant le fleuve à hauteur de l'île Tibérine. Tels sont donc les deux éléments géographiques fondamentaux : les collines, constituant une barrière de protection et de défense, et le fleuve navigable, artère permettant les trafics commerciaux et les rencontres culturelles. S'y ajoutent la proximité de la mer Tyrrhénienne et la future Via Salaria préposée à l'acheminement, depuis les salines côtières, de ce précieux produit à l'intérieur du Latium et au-delà. Entre les VIIIe et VIe siècles avant J.-C., Rome fut une cité-État monarchique, qui subit aussi la domination étrusque : les imposants remparts serviens témoignent de cette phase antique. À l'époque républicaine, de la fin du VIe siècle au Ier siècle avant J.-C., Rome étend sa domination sur les pays autour de la Méditerranée et devient *caput mundi*, l'*Urbs* par excellence, vestige immortel d'un pouvoir qui n'avait encore jamais été atteint.

Les nombreux monuments qui furent érigés, surtout sous l'empire, et qui opposent aujourd'hui leur extraordinaire vitalité au chaos des constructions réalisées aux époques suivantes, témoignent bien de cette grandeur. Forums, théâtres, temples, thermes, cirques, colonnes historiées, arcs de triomphe : tous nous racontent des siècles de vie républicaine intense, faite de rencontres, de spectacles, de jeux, d'échanges économiques, de victoires et de foi.

Si les constructeurs romains ne pouvaient se soustraire à la fascination qu'exerçait sur eux l'architecture grecque, dont ils reproduisaient les lignes et les fonctions, cette alliance de sacré et de profane, de public et de privé, évoque toutefois une manière de vivre tout italique.

Italie, Rome, amphithéâtre Flavien (Colisée), Ier siècle après J.-C.

Italie, Rome, Via dei Fori Imperiali, Forum romain et Palatin, Circus Maximus.

Italie, Rome, amphithéâtre Flavien
et arc de Constantin, IVe siècle après J.-C.

Italie, Rome, Palatin : palais des Flaviens
et Domus Augustana, fin du Ier siècle après J.-C.

Forum, thermes et villas

Dès l'époque républicaine, dans une vallée marécageuse comprise entre le mont Capitolin, le Palatin, le Viminal et le Quirinal, puis bonifiée par le creusement de la *Cloaca maxima*, fut édifié le Forum romain, cœur de la vie citadine, grande place ceinte sur laquelle donnaient tous les bâtiments les plus représentatifs : la basilique, sorte de tribunal mais aussi lieu d'échanges, les marchés, le temple et les monuments à caractère commémoratif.

Comme il devenait trop restreint du fait de l'expansion de la population, les empereurs durent construire vers le nord de nouveaux forums. On reconnaît dans la zone du Palatin, à l'est des Orti Farnesiani, les vestiges du palais des Flaviens construit par Domitien (fin du Ier siècle après J.-C.) avec ses trois salles en enfilade (la salle du trône, la basilique, le laraire), derrière lesquelles s'ouvrait le péristyle, ample cour centrale à arcades avec un bassin au centre ; le vaste stade, de 160 mètres sur 80 mètres, également construit par Domitien en vue de compétitions et de fêtes, aux extrémités duquel se trouvent deux bâtiments en hémicycle, et la Domus Augustana, habitation privée de l'empereur lui-même : édifice singulier à deux étages, qui présente une façade en demi-cercle donnant sur le Circo Massimo et possède au centre une grande cour dotée d'une fontaine. À l'ouest des Orti Farnesiani, devant l'église San Francesca Romana, outre les vestiges de la maison des Vestales, on peut reconnaître la basilique commencée par Maxence (306-312 avant J.-C.) et achevée par Constantin. Cet édifice de 80 mètres de long et 60 mètres de large est divisé à l'intérieur en trois nefs par quatre énormes piliers. À proximité, à l'endroit le plus élevé de la Via Sacra, se dresse l'arc de Titus, érigé en 181 après J.-C. en souvenir des victoires de Vespasien et de Titus sur la Judée. À l'est, le monument le plus célèbre de Rome, l'amphithéâtre Flavien, est appelé Colisée (Colosseo) du fait d'une gigantesque statue dédiée à l'empereur Néron et placée devant cet édifice. Commencé par Vespasien et inauguré par Titus en 80 après J.-C., il présente une ample courbe externe formée de petits arcs soutenus par des piliers et ornés de demi-colonnes, d'ordre toscan au premier étage, ionique au deuxième et corinthien au troisième. À proximité se trouve l'arc de Constantin, construit en 315 après J.-C. pour célébrer la victoire sur Maxence à Ponte Milvio. Cet arc à trois portées est orné de statues, de frises et de médaillons en relief provenant de monuments d'époques antérieures.

Parmi les nombreux édifices thermaux – lieux conçus pour revigorer le corps mais aussi lieux de rencontre et de vie sociale –, les mieux conservés sont les thermes de Caracalla, dédiés à l'empereur en 216 après J.-C. Ils se composaient de vastes salles couvertes de coupoles et de revêtements précieux en marbre et en mosaïques, où des installations sophistiquées produisaient de l'air chaud sous les sols des locaux réservés aux bains. Mais la grandeur de Rome et de ses empereurs s'étend bien au-delà des frontières de la capitale. Pour se reposer des fatigues de la politique et de l'agitation de la vie citadine, les empereurs se retiraient souvent dans leurs villas de campagne, pour le moins aussi somptueuses que leurs demeures urbaines. La plus grandiose est la Villa Hadriana à Tivoli, construite entre 118 et 130 après J.-C. par l'empereur philhellène Hadrien. Cet ensemble, qui s'insère harmonieusement dans le contexte environnant et occupe une superficie d'environ 300 hectares, est constitué d'une série de pavillons ; disposés dans la nature selon un ordre soigneusement étudié, en adaptant les différents axes aux dénivellations du terrain et en tenant compte des points de vue, ceux-ci s'inspirent de monuments et de souvenirs des nombreuses régions de l'empire qu'Hadrien avait visitées au cours de ses longs périples : le *pœcile*, vaste portique rectangulaire inspiré de la « Stoà Poikile » d'Athènes, la Villa d'Isola, édifice circulaire à portique avec canal annulaire, les petits et grands Thermes, le Canope, petite vallée artificielle traversée par un canal entouré de statues et de colonnes, à l'instar des temples égyptiens, le prétoire, la terrasse de Tempé, qui évoque la vallée de la Thessalie, et le théâtre grec. C'est ici que l'empereur venait oublier les affaires politiques et les voyages entrepris dans les terres lointaines de son empire et qui lui faisaient traverser la Méditerranée, la mer romaine par excellence, sur des bateaux partant d'Ostie, le port de Rome.

Italie, Rome, basilique de Maxence, 306-312, et Via Sacra près de la maison des Vestales.

Italie, Rome, thermes de Caracalla,
IIIe siècle après J.-C.

Ostie

Ville marchande construite autour du IVe siècle avant J.-C. à l'embouchure du Tibre, Ostie assumait l'approvisionnement de la capitale par voie d'eau en marchandises nécessaires à la vie de la métropole ; elle permettait en outre aux commandants victorieux d'entrer triomphalement dans la ville par la porte la plus scénographique et aux étrangers d'arriver directement au cœur de l'*Urbs*. Le long du *cardus maximus* et du *decumanus maximus* de ce centre suggestif, on peut admirer les grandioses entrepôts (*horrea*), les arcades avec les magasins au rez-de-chaussée et les pièces à louer au premier étage, les *tabernae* aux carrefours, les thermes, les édifices sacrés, autrement dit tous les services qu'une grande ville portuaire offrait déjà il y a deux mille ans et qu'elle se doit d'offrir aujourd'hui encore à ses habitants et à tous ceux qui, pour des raisons de voyage et de travail, y résident temporairement.

 Italie, Ostie, quartier du théâtre et le Tibre.

Fresque à Pompéi

Pompéi. Chronique d'une mort annoncée

La fin de Pompéi – la colonie romaine appelée *Cornelia Veneria Pompeianorum* –, provoquée par la dramatique éruption du Vésuve en 79 après J.-C., avait déjà été annoncée par le tremblement de terre qui dix-sept ans plus tôt, le 5 février 62, avait dévasté de nombreuses villes de la région. Malgré les avertissements proférés devant l'imminence du danger, la profondeur du lien à la terre et l'attachement instinctif à la vie avaient incité les habitants à rester en ces lieux et à reconstruire ce que la nature avait détruit.

La seconde éruption, décrite par ce témoin d'exception qu'est Pline le Jeune, fut précédée de l'apparition d'un nuage en forme de pin au-dessus du volcan. Dans une missive à son ami Tacite, cet écrivain raconte la mort de son oncle, le célèbre Pline l'Ancien, qui succomba sous la pluie de cendres et sous les lapilli qui cachèrent la ville au monde entier pendant près de 1 700 ans.

Les fouilles, conduites de manière systématique depuis 1860, ont mis au jour environ les trois cinquièmes d'une des plus grandes villes de l'Empire romain, que son tragique destin a permis de conserver de manière magistrale.

Pompéi se dresse sur un plateau de formation volcanique, sur le versant méridional du Vésuve, à environ 30 mètres au-dessus du niveau de la mer et non loin des eaux du Sarno. Sénèque lui-même fit l'éloge de sa position admirable.

Le noyau archaïque, de dimensions plutôt modestes et situé autour du forum, s'accrut considérablement entre le Vᵉ et le IVᵉ siècle avant J.-C., en se dotant d'un plan elliptique ceint de remparts munis de tours et sillonné de deux grandes artères qui se coupaient à angle droit. C'est sur cette structure urbaine déjà bien articulée que se développa la métropole romaine : les rues, pour permettre le passage de grands chars, furent pavées de blocs de basalte vers le milieu du IIᵉ siècle avant J.-C., et dotées de « passages piétons » réalisés en blocs de pierre encastrés dans la chaussée. Ces rues étaient également flanquées de maisons à plusieurs étages, de magasins (*tabernae*) en tout genre pourvus d'enseignes peintes ou sculptées, d'auberges (*hospitia*), de tavernes (*cauponae*) et de cafés (*thermopolia*) qui nous présentent Pompéi comme un grand centre commercial, connu surtout pour la production et la vente d'huiles et de vins précieux.

Italie, Pompéi, quartier de Via di Nola : maison du Centenaire et thermes centraux, 79 avant J.-C.

Italie, Pompéi, forum, basilique, temples d'Apollon et de Jupiter, IIe siècle av. J.-C.-Ier siècle apr. J.-C.

« Voici le mont Vesbius, hier encore verdoyant et ombragé de pampres :
ici un noble cru avait plus d'une fois fait déborder nos cuves de ses flots.
Voici ces hauteurs que Bacchus aimait plus que les collines de Nysa ;
sur cette montagne le chœur des satyres déroulait naguère ses danses.
C'était le séjour de Vénus, plus agréable à ses yeux que celui de Lacédémone ;
ce lieu était fameux par le nom d'Hercule. Tout a sombré dans les flammes :
une lugubre cendre couvre le sol, et les dieux eux-mêmes auraient voulu
que cela ne leur fût pas permis. »

Martial, *Épigrammes*, livre IV, 44, trad. de H.J. Izaac.

Le forum et les bâtiments privés

Le forum, vaste place rectangulaire entourée d'un portique à colonnes, faisait office de centre civil et religieux, où se dressaient les principaux édifices publics : le temple de Zeus érigé vers le milieu du IIe siècle après J.-C., dédié à la triade capitoline ; le grand *macellum* ou marché couvert ; le temple des Lares dédié aux divinités protectrices de la ville ; le temple de Vespasien ; le grand édifice construit par la prêtresse Eumachie comme siège de la corporation des travailleurs de la laine ; enfin la basilique destinée à l'administration de la justice, dont l'ample salle interne était divisée en trois nefs rythmées par vingt-huit colonnes. Près du forum s'étendait la zone des théâtres et, parmi les édifices les plus importants, citons encore les thermes de Stabies, le temple d'Isis, l'amphithéâtre, les casernes, et surtout les maisons insérées au sein du tissu urbain ainsi que les villas situées dans l'aire périphérique.

Ces bâtiments privés, qui respectaient encore la simplicité architecturale typiquement locale, se sont ensuite amplifiés, conformément au modèle de la maison hellénistique, par l'adjonction du péristyle avec au centre un jardin (sur lequel s'ouvraient la salle à manger, le *triclinium* et d'autres pièces), de magasins donnant sur l'extérieur et d'un second étage, réservé aux esclaves et aux locataires. Le faste des décorations picturales et de l'ameublement, sensible dans ces habitations comme dans les luxueuses villas construites autour de la ville, illustre de manière remarquable le style de vie des nobles et des familles aisées qui vivaient à Pompéi au Ier siècle après J.-C.

La vivacité des couleurs et l'excellent état de conservation des mosaïques, des objets et des enseignes donnent la sensation, lorsqu'on pénètre dans ces demeures, que les propriétaires sont sortis un instant et qu'ils vont rentrer d'un moment à l'autre. Et l'on visite alors les maisons de Ménandre, de *Loreius Tiburtinus*, des *Vettii*, des petits Amours dorés, du Faune et, la plus célèbre d'entre toutes, la villa des Mystères – maisons dont on ne peut oublier les fresques ornées d'oiseaux et de motifs végétaux, les épisodes illustrant l'*Iliade* et les travaux d'Hercule, ni même les représentations de Priape, de sujets mythologiques ou encore de scènes d'initiation aux mystères dionysiaques. Mais l'émerveillement que l'on éprouve devant tous ces témoignages de la vie quotidienne n'est pas moins fort que l'émotion suscitée par les œuvres d'art antiques. Qu'il s'agisse de la célèbre mosaïque « Cave canem », disposée à l'entrée de la maison du poète, avec le chien qui grogne attaché à sa chaîne, des reliefs de repas encore présents dans les assiettes, des noms gravés sur les murs ou des programmes électoraux, ces « photogrammes » muets racontent une vie soudainement brisée.

Italie, Pompéi, forum et Via dell'Abbondanza.

Les Romains exportent leur civilisation

Une fois achevée la conquête de l'Italie centrale, Rome se tourne vers le nord et, par la construction de routes et l'implantation de colonies, elle occupe les Gaules de manière systématique : d'abord la Gaule Transpadane, puis la Gaule Cisalpine, et enfin la Gaule Narbonnaise. La romanisation du territoire suit un programme rationnel : dans la Gaule Cisalpine orientale, la précoce fondation d'Aquilée, en 181 avant J.-C., est suivie de celle d'autres villes, dont Vérone. Colonie fondée en 89 avant J.-C. dans une région de la vallée de l'Adige, elle joue un rôle de premier plan dans les communications avec l'Europe centrale grâce à la présence des cols alpins. Dans l'ample boucle de l'Adige, au pied du mont San Pietro, on procède alors, selon une pratique déjà consolidée, au tracé en échiquier de rues, de *cardi* et *decumani* marquant l'appartenance de toute aire géographique à la ville de Rome. On y érige simultanément les remparts, où la porte Corsari s'ouvre sur le *decumanus maximus* et la porte des Lions sur le *cardus maximus*. Une fois terminée la première phase de construction, sont lancés d'autres travaux typiques de l'architecture et de la vie romaines : le forum, le théâtre, l'amphithéâtre.

Ce dernier, devenu le symbole de la ville, présente une forme elliptique tout à fait caractéristique. Doté d'une *cavea* formée de quarante-quatre gradins qui la divisent en dix-huit secteurs, il présente aussi un podium de 1,60 mètre de haut et une façade à trois ordres d'arcs dont les deux premiers, à décoration toscane, se distinguent par des entablements et des corniches d'une grande simplicité. La magnificence de ce monument destiné aux jeux, aux spectacles et aux célébrations se veut une consolation dans cette province – comme dans toutes les provinces de l'Empire romain – pour la perte tragique de la plus grande valeur dont un peuple puisse être privé : la liberté.

Italie, Vérone, amphithéâtre (les Arènes), Ier siècle après J.-C.

France, Arles, amphithéâtre (les Arènes),
Ier-IIe siècles après J.-C.

France, pont du Gard, aqueduc pour Nîmes,
Ier siècle avant J.-C.

Espagne, Ségovie, aqueduc, fin du Ier siècle-début du IIe siècle après J.-C.

Espagne, Mérida, aqueduc, Ier siècle avant J.C.-
Ier siècle après J.-C. et pont, Ier siècle avant J.-C.

De la Gaule à l'Espagne romaine

À la manière d'un fil d'Ariane, les monuments nous permettent de suivre l'inexorable avancée de l'occupation romaine : de Vérone à la Gaule Narbonnaise, dont le nom actuel de Provence rappelle qu'elle était devenue la « province » romaine par excellence après la défaite des Gaulois au IIe siècle avant J.-C. En Arles, ville située sur le Rhône en Camargue et fondée à l'époque d'Auguste dès la fin du Ier siècle, les nouveaux maîtres construisent un amphithéâtre dénommé aujourd'hui les Arènes, l'un des plus grands de la Gaule, pouvant accueillir vingt-six mille spectateurs disposés sur trois ordres de gradins. Au Moyen Âge, l'amphithéâtre fut transformé en une forteresse dont il reste deux tours. Dans les provinces, les Romains ne construisent pas seulement des espaces préposés aux divertissements. Ils élèvent également d'audacieuses architectures qui rendent la vie plus agréable et plus confortable, comme les aqueducs – véritables prodiges techniques. Le pont du Gard, aqueduc nécessaire au développement de la ville de Nîmes, est un exemple probant de l'habileté avec laquelle les Romains surent affronter les obstacles naturels les plus difficiles à contourner. Construit en 49 avant J.-C. il représente, avec ses 273 mètres de long, ses 49 mètres de haut et ses arcades d'une légèreté aérienne, disposées sur plusieurs ordres, un type monumental plutôt rare, mais fortement présent dans l'imaginaire collectif.

On pourrait aller jusqu'à dire que le pont du Gard rivalise, en matière de prestige, avec les aqueducs de Claude construits le long de la Via Appia et avec le Puente del Diablo de Ségovie, et qu'il n'est pas loin de constituer l'« icône » de référence, voire le stéréotype même de l'aqueduc romain.

Le dernier pont mentionné, qui est un prodigieux ouvrage d'ingénierie, date du IIe siècle après J.-C. et fonctionne aujourd'hui encore. Situé près de la profonde dépression de la Plaza el Azouguejo, il élève progressivement ses 118 arcades jusqu'à atteindre une hauteur de 28 mètres. Du reste, comme nous le rappellent les 827 mètres d'arcades aériennes constituant l'Acueducto de los Milagros de Mérida, à peine plus ancien que le précédent, ces monuments sont là pour démontrer qu'une planification urbaine rigoureuse et fonctionnelle peut transformer des infrastructures, destinées à de prosaïques usages quotidiens, en de véritables œuvres d'art.

L'Espagne a d'ailleurs connu ce genre de planification relativement tôt, car la romanisation y a été précoce. Cette région a pu entrer en contact, surtout au IIe siècle après J.-C., (période que l'on désigne comme celle des empereurs espagnols : Trajan et Hadrien en particulier, mais le IVe siècle après J.-C. connaîtra aussi un empereur de grand renom : Théodose), avec les éléments les plus profondément originaux de la civilisation romaine. En témoignent les différentes villes ayant fait l'objet d'une refondation et dotées de noms splendides, telles *Colonia Patricia Cordoba* (Cordoue), chef-lieu de la province méridionale de la *Baetica* et patrie du grand philosophe Sénèque ; *Colonia Julia Victrix Triumphalis Tarraco* (Tarragone), chef-lieu de la *Tarraconensis* ; *Colonia Julia Romula Hispalis* (Séville) et *Emerita Augusta* (Mérida), le merveilleux chef-lieu de la Lusitanie.

Précisément à Mérida, et ce n'est pas un hasard si on l'a appelée la « Roma Segunda » (la seconde Rome), il est possible d'observer les splendides architectures magnifiant toute ville romaine et que cette colonie, remontant à l'époque d'Auguste et destinée aux vétérans de la légion *V Alaudae* et *X Gemina*, nous offre aujourd'hui encore dans toute leur magnificence. Il ne s'agit pas seulement d'édifices destinés aux spectacles, comme le théâtre de Mérida (16 avant J.-C.-IIe siècle après J.-C.), le plus bel exemple typologique de toute l'Espagne, ou l'amphithéâtre, d'une capacité de 15 000 spectateurs, qui demeure l'une des structures les plus imposantes. Il ne s'agit pas non plus de temples, même si on peut encore en voir dans ce centre historique, ni de bâtiments manifestement commémoratifs, comme l'arc de Trajan. Il s'agit, encore une fois, d'infrastructures comme le Puente Romano, dont les 64 arcades de granit enjambent lestement la Guadiana. Construit par Auguste, il a connu maintes interventions de restauration. Quant au Puente de Albarregas (qui mesure 125 mètres de long), il nous rappelle aussi qu'*Emerita Augusta* était le nœud central d'une route très importante qui mettait en contact la *Baetica* (Espagne méridionale) avec la Cantabria (le nord-ouest de la péninsule). Il s'agissait de cette voie qui, commencée par l'empereur Tibère en 24 après J.-C. et continuée par Claude en 45-50 après J.-C., puis par Trajan et Hadrien au IIe siècle après J.-C., fut refaite par Caracalla au siècle suivant, telle que nous pouvons la voir aujourd'hui encore. Elle partait des riches mines de cuivre et d'argent de Huelva, arrivait à Braga en passant précisément par *Emerita*, puis se dirigeait vers le phare d'*Ardobicum Curonum* (la Coruña) jusqu'à gagner l'*Ara Augusta*, le point le plus occidental de l'Ibérie romaine.

Espagne, Mérida, amphithéâtre et théâtre, fin du Ier siècle avant J.-C.

Espagne, Mérida, théâtre, fin du Ier siècle avant J.-C.

Le *Vallum Hadriani*

Cette Europe romaine, qui par ses monuments exhibe aux yeux du monde entier son efficacité et son orgueilleuse beauté, avait été conquise par les armes, et par les armes devait donc être défendue.

L'extrême *limes* septentrional de protection est le *Vallum Hadriani* en Grande-Bretagne. Il s'agit d'un système fortifié construit par Aulus Platorius Nepos pour le compte de l'empereur Hadrien entre 122 et 127 après J.-C. dans le but précisément de protéger cette lointaine et fragile province contre les incursions des habitants de la Calédonie. Il est constitué de deux éléments : le mur et le *vallum*. Le premier s'étendait sur 117 kilomètres, de l'embouchure de la Tyne au golfe du Solway. Il était flanqué, sur le côté nord, d'un fossé doté d'environ soixante-treize fortins rectangulaires, de *stationes* (points de halte) et de *castra* (structures fortifiées pouvant accueillir des garnisons). Le *vallum*, s'étendant de Newcastle à Dykesfield, probablement antérieur au mur d'Hadrien, est constitué du classique fossé ponctué de terre-pleins.

De Vindolanda, la plus grande implantation de garnisons adossée au *vallum*, proviennent des centaines de lettres écrites sur des tablettes en bois entre 100 et 120 après J.-C. Ces lettres nous parlent de paquets envoyés par les familles, de commandants remettant des consignes à ceux qui s'apprêtent à les remplacer, de recommandations, d'anniversaires. Ce sont des témoignages racontant la vie d'hommes et de femmes d'une garnison militaire, qui diffèrent peu de ceux que l'on a trouvés dans les forts, dans les casernes ou dans les tranchées appartenant à des époques plus tardives.

 Angleterre, *Vallum Hadriani*, IIe siècle après J.-C.

Angleterre, *Vallum Hadriani*, poste de garde fortifié, IIe siècle après J.-C.

L'Afrique du Nord

L'Afrique, pour les Anciens, se subdivisait en trois aires distinctes : la première était représentée, selon la dénomination romaine, par la Mauritanie et l'Afrique Proconsulaire (partie du Maroc, de l'Algérie, de la Tunisie et de la Tripolitaine), où pendant des siècles s'était développée la civilisation punique et qui était pour l'administration romaine la seule région proprement africaine. La deuxième était constituée par la Cyrénaïque, unie administrativement à la Crète et culturellement à la Grèce. La troisième, l'Égypte, a toujours constitué pour les Anciens un monde en soi. L'Afrique du Nord, réduite à une province romaine après la destruction de Carthage (146 avant J.-C.), devint la destination de nombreux colons italiques et romains et son niveau de production s'accrut au point de représenter, pendant de nombreux siècles, le « grenier » de Rome. Les amphores africaines constituent en effet l'une des typologies les plus courantes de récipients alimentaires de la Méditerranée, témoignant du fort développement économique qui s'opéra au milieu et à la fin de l'empire. C'est précisément au cours du Moyen Empire que semble se dessiner un tournant significatif dans l'Afrique romaine : à partir de Marc Aurèle, donc de la seconde moitié du IIe siècle après J.-C., nous trouvons sur les ex-voto des communautés africaines des dédicaces en langue latine à la place de la langue punique, et les sanctuaires puniques sont remplacés par des temples de type hellénistico-romain qui, à leur tour, vont enrichir les implantations urbaines déjà splendides des villes romaines : par exemple à Dougga (l'ancienne Thugga) en Tunisie où, entre les IIe et IIIe siècles après J.-C., sur les terrasses qui se déployaient le long des pentes de la colline où se dressait l'ancien centre punique, le temple de Tanit fut reconstruit et dédié à la déesse Juno Caelestis et celui de Baal à Saturne.

L'Afrique commence à offrir à Rome quelques empereurs comme Clodius Albinus de Hadrumetum (centre tunisien près de Dougga) à la fin du IIe siècle après J.-C. et, surtout, ceux de la dynastie des Sévères, originaires de Leptis Magna, qui régneront jusqu'en 235 après J.-C. On voit naître de très importantes écoles philosophiques et rhétoriques, où se forment des avocats et des écrivains de renom : Apulée de Madaure (ville située dans l'Algérie actuelle), l'auteur de *L'Âne d'or*, ou Martianus Capella. À cette époque les communautés chrétiennes d'Afrique font preuve d'une intense vie spirituelle avec des hommes comme Tertullien, Cyprien, Lactance et Augustin. Entre le IIIe et le IVe siècle après J.-C. s'établirent de grands centres artisanaux où l'on produisait une céramique de table raffinée (la céramique sigillée africaine), répandue dans toute la Méditerranée occidentale, et se développèrent des ateliers importants de mosaïstes, actifs non seulement sur place – comme l'attestent les splendides mosaïques du IIIe siècle après J.-C. trouvées dans les édifices publics et privés autour du forum de Volubilis (dans l'actuel Maroc) – mais aussi en Espagne où on les avait appelés, comme le montrent les mosaïques d'école africaine découvertes dans la Villa del Casale près de Piazza Armerina, en Sicile.

Maroc, Volubilis, maison de la Cour de Vénus, le bain de Diane, début du IIIe siècle après J.-C.

Tunisie, Thysdrus (el-Djem), amphithéâtre, 230-238.

192

Tunisie, Thugga (Dougga), la ville,
Ier-IIIe siècles après J.-C.

Pérou, Cuzco, Sacsahuaman, XIVe-XVe siècles.

De l'Amérique du Nord aux Andes

Histoires venues d'ailleurs

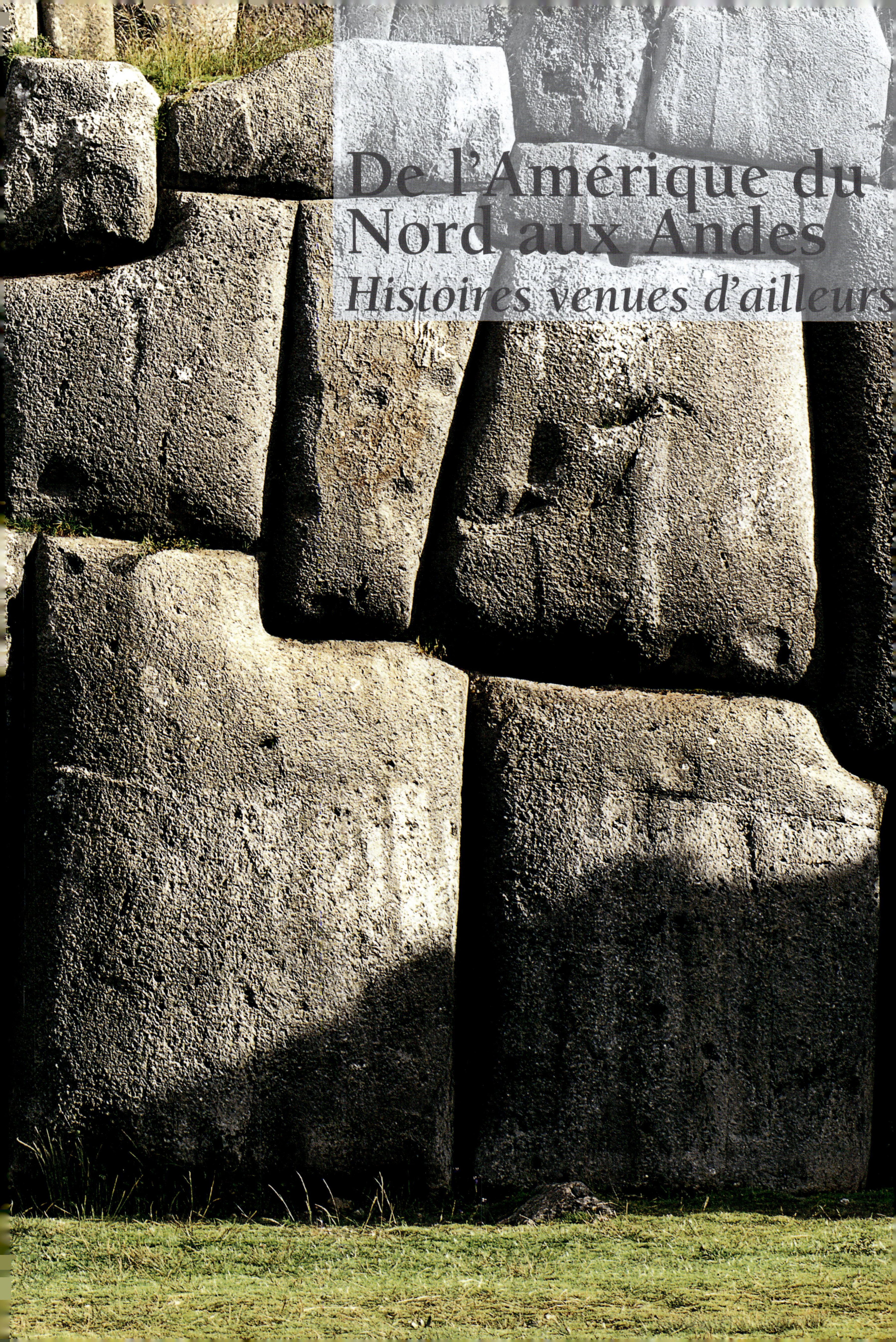

Mesa Verde

Richard Wetherill, propriétaire d'une ferme non loin du Chaco Canyon dans le sud du Colorado, alors qu'il était à la recherche de bêtes qui s'étaient perdues près de Mesa Verde (un immense plateau verdoyant, s'étendant à plus de 600 mètres d'altitude et sur plus de 500 kilomètres carrés), découvrit en décembre 1888 la ville suspendue la plus grande et la plus spectaculaire qui fût jamais construite par les Pueblo. Les ruines imposantes et majestueuses du Cliff Palace (xᵉ siècle) étaient illuminées par le chaud soleil du Colorado, qui dardait ses rayons à l'intérieur d'une gigantesque caverne ovale s'ouvrant dans la paroi abrupte du canyon. L'ensemble se présentait comme un groupe d'édifices à toit plat, disposés en étages, si bien que le toit des maisons inférieures servait de corridor d'accès aux édifices situés au-dessus. Le site archéologique de Mesa Verde, comme tous les autres sites typiques de la région, témoigne de la culture de la période dite Pueblo, mais ces lieux ont commencé à être habités beaucoup plus tôt. La première phase de cette ancienne culture dite des Basket makers (des Vanniers) s'étend entre le Ier et le Vᵉ siècle après J.-C. (les anciens Vanniers). Leurs maisons étaient des grottes et des cavernes creusées dans les parois du canyon. Ils ne connaissaient pas la céramique mais étaient très habiles dans l'art de tresser – avec des fibres de manioc – des objets de formes et de dimensions variées. Au cours de la phase centrale, dite des Vanniers évolués, fut introduit l'usage de la céramique modelée, mais c'est dans la phase finale de leur culture que s'opère un changement manifeste. Cette évolution, due à l'arrivée de nouvelles populations originaires du Mexique, marqua un tournant décisif. Il s'agit précisément de la culture Pueblo, qui peut se subdiviser en quatre phases. Entre les trois premières et la dernière s'est produite la mystérieuse catastrophe (sécheresse, épidémies, épuisement des terrains cultivables, etc.) qui, autour du XIIᵉ siècle, provoqua l'abandon des villages suspendus construits à flanc de falaise. C'est à la troisième phase qu'appartiennent les vestiges archéologiques du Cliff Palace et ceux des très nombreux villages suspendus de Mesa Verde. À cette époque, la culture atteint son apogée avec un raffinement remarquable sensible dans la décoration de la céramique et dans les tissus. Et soudainement, vers 1300, les populations quittèrent tous ces villages sans la moindre trace de violence – villages qui seront à nouveau colonisés et habités pendant plus de trois siècles au cours de la quatrième et dernière phase de la culture Pueblo.

États-Unis, Mesa Verde, ruines du Cliff Palace, troisième phase de la culture Pueblo, xᵉ siècle.

El Castillo, détail

Altun Ha

Le Belize voit l'arrivée des premières populations mayas au début du XVe siècle avant J.-C., et bien que le déclin de cette civilisation commence vers 900 après J.-C., différents centres dans la région continuent à être occupés jusqu'à l'arrivée des Espagnols au XVIe siècle. Pendant la période classique maya, la population du Belize devait compter plus d'un million de personnes.

L'ensemble des ruines archéologiques de Altun Ha, situées à quelques kilomètres de Belize City et à environ 10 kilomètres de la mer, fut pendant la période classique maya (250-900 après J.-C.) l'un des centres commémoratifs les plus importants et un grand nœud d'échanges et de commerce entre les côtes des Caraïbes et les localités de l'intérieur. Au moment de son apogée, sa population devait compter dix mille habitants. Ce site s'articule dans l'ensemble autour des deux grands palais principaux et comprend beaucoup d'autres structures d'habitation et environ treize temples, dont le temple des Autels et celui dédié au dieu du Soleil. La grande tête en jade représentant la divinité solaire (Kinich Ahau), et devenue aujourd'hui le symbole national du Belize, est l'une des découvertes les plus célèbres et les plus étonnantes provenant des fouilles commencées en 1957 à Altun Ha.

Le développement du centre et l'importance qui en dériva s'expliquent aussi bien par sa position stratégique d'interface avec l'arrière-pays que par la présence de sources qui deviendront des stations thermales et seront fructueusement exploitées par les habitants de la région. L'importance de cette ressource transparaît d'ailleurs dans la translittération du nom même de Altun Ha, qui signifierait « eau de la pierre ».

Toutefois, leur situation géographique favorable et le haut niveau culturel et économique n'empêchèrent pas ces sites et toute la civilisation maya de connaître une crise qui commença autour du Xe siècle et fut irréversible dès le XIVe. En effet, déjà victimes d'une lourde série de calamités naturelles, les Mayas perdirent leur autonomie et intégrèrent le nouvel État fondé sur un système fédéral et imposé par un peuple belliqueux venu du nord, les Aztèques. Partis de leur capitale Tenochtitlán (l'actuelle ville de Mexico), ces derniers parvinrent à instituer leur propre gouvernement dès le milieu du XVe siècle sur tout le territoire compris entre le golfe du Mexique et l'océan Pacifique. La colonisation espagnole mit fin à leur hégémonie à partir de 1522.

 Belize, complexe de Altun Ha, période classique maya, 250-900.

Yucatán

La stupeur qui frappa les Européens lorsqu'ils découvrirent qu'il existait, dans le Nouveau Monde, des civilisations de très haut niveau social et culturel ne fut pas suffisante pour parvenir à modérer le mouvement de conquête des territoires de la Méso-Amérique, ni à préserver les témoignages de populations qui, malgré leurs luttes constantes, avaient vécu pendant des millénaires en une symbiose permanente. Parmi ces civilisations figure celle des Mayas, caractérisée par différentes communautés. Les communautés qui à l'origine dominaient (400 avant J.-C.-100 après J.-C.) vivaient dans la zone méridionale et étaient influencées par la culture olmèque. Les traits communs à ces deux cultures sont multiples: l'architecture monumentale, l'idéologie religieuse, la pratique de sacrifices humains, l'écriture glyphique, le calendrier rituel et la numérotation vicésimale étaient évidents. Tous ces éléments se développèrent au cours de la phase suivante (env. 600 après J.-C.), surtout à Palenque, où commence aussi l'histoire archéologique des Mayas. En 1773 en effet, on apprit l'existence, dans cette localité du Yucatán, d'une grande ville fort ancienne. À la suite de cette nouvelle, Charles III, qui avait déjà patronné les fouilles de Pompéi pendant son règne sur Naples et qui entre-temps était devenu roi d'Espagne, envoya au Mexique une délégation royale comprenant des artistes et des ingénieurs, et recommanda que toutes les pièces fussent réunies et ordonnées de manière à pouvoir illustrer une histoire ancienne de l'Amérique. Il lança ainsi officiellement les recherches sur ces cultures anciennes et complexes. C'est dans cette ville, dont on ignore le vrai nom maya, et qui fut abandonnée dès le IXe siècle, que l'affirmation et la légitimation de l'autorité du souverain connurent leur plus haute représentation dans les constructions pyramidales et dans les monuments commémoratifs – par exemple dans le temple des Inscriptions ou le « Palais ». En 1951, les travaux de restauration dans le temple des Inscriptions permirent d'y trouver la tombe d'un grand prêtre dotée d'un riche mobilier funéraire. Cette découverte démontra que les pyramides mayas n'avaient pas été construites, comme on le pensait, pour servir de base à des temples mais comme des mausolées pour des personnages de haut rang. Quoi qu'il en soit, il est certain que ces grandes architectures, centres autour desquels gravitait la vie tout entière de la communauté, avaient pour fonction de commémorer les événements les plus importants, scandés par les dates de leur calendrier établies d'après l'observation des astres. À Uxmal (600-800 après J.-C.), dans la zone septentrionale du Yucatán, les réservoirs d'eau et les citernes, construits pour faire face à la sécheresse, constituent aussi des témoignages tangibles de leur capacité d'adaptation au milieu. Ici, parmi les édifices publics organisés en noyaux distincts, ressortent la pyramide du Magicien et le temple Sud, recouverts de mosaïques, caractéristiques de l'architecture locale dite Puuc. Cette dernière utilisait des tesselles de grandes dimensions (pouvant mesurer jusqu'à 1 mètre de côté), aussi bien pour composer des motifs géométriques que des images et des figures (la cabane ou les mascarons de Chac, le dieu de la pluie au long nez). Si Chichén Itzá, fondée entre 550 et 900 après J.-C., ne manqua pas – tout au moins au cours de cette phase – d'influences Puuc, de nouveaux modèles architecturaux et de nouvelles idéologies liées à une culture plus nettement belliqueuse s'imposèrent dans la Chichén Itzá des Toltèques, venus du nord autour de l'an 987 après J.-C. Ici, outre les architectures imposantes (El Castillo) et l'emploi affirmé de colonnes, l'accent fut mis sur les évocations de la guerre et des armes (temple des Guerriers), et des sacrifices humains. Ces derniers constituaient le moment culminant d'un rituel destiné à garantir le bien-être d'une société dominée par des divinités antagonistes, et il semble qu'on y procédait aussi au terme du jeu sacré pok-a-tok. Apparentés à une sorte de basket-ball, ces jeux se déroulaient dans une zone de Chichén Itzá fort vaste, construite sur un plan en forme de I ou de T, et dont l'axe longitudinal était délimité par deux plates-formes parallèles. Les deux équipes adverses cherchaient à faire passer une balle en caoutchouc dans un anneau en pierre fixé sur chacun des deux murs verticaux. Sur les bas-reliefs est représenté un joueur vainqueur tenant dans une main la tête du vaincu et dans l'autre un couteau. On estime que ce jeu symbolisait la lutte entre les forces qui dominaient le monde, une lutte où la mort était censée assurer la renaissance et le renouvellement à la terre et aux hommes qui l'habitaient.

Mexique, Chiapas, centre cérémoniel maya de Palenque, « Palais », 600-800.

Mexique, Palenque, temple de la Croix, 600-800.

Mexique, Tulum, El Castillo,
Grand Palais, temple des Fresques, 1200-1450.

Mexique, Chichén Itzá, les cent colonnes
et El Castillo (pyramide de Kukulcán), 550-900.

Mexique, Teotihuacán, Mexico (culture aztèque), pyramide du Soleil, XIVe siècle.

Mexique, Uxmal, Quadrilatère, pyramide
du Magicien et terrain de pok-a-tok, 600-900.

Machu Picchu

Machu Picchu (qui signifie « ancien pic » dans la langue locale) est probablement l'un des sites archéologiques les plus fascinants et suggestifs de la terre : perché à 2 300 mètres d'altitude, à environ 80 kilomètres de Cuzco, sur un éperon rocheux tombant à pic sur les rives du río Urubamba, il représente l'un des complexes urbains les plus sophistiqués de l'Antiquité et, en même temps, une œuvre étonnante d'ingénierie réalisée dans un milieu morphologiquement hostile.

Cette citadelle fut découverte en 1911 par l'archéologue américain Hiram Bingham. On a longtemps cru que la mythique et fabuleuse cordillère Vilcabamba fut le dernier refuge des Incas échappés de Cuzco à l'arrivée des troupes espagnoles de Francisco Pizarro. Sa fonction réelle n'est toutefois pas encore clairement définie, d'autant qu'elle se présente comme une citadelle sacrée plutôt que comme un complexe urbain. Mais cet ensemble de temples, d'observatoires et de palais destinés à accueillir l'élite des Incas – prêtres et hommes de pouvoir – revêt aussi une fonction stratégique d'avant-poste et de forteresse inexpugnable.

La ville de Machu Picchu, qui s'étend sur presque 13 kilomètres carrés, présente une grande série de terrasses reliées par des escaliers. Tous les édifices sont construits avec des blocs de pierre soigneusement ébauchés et caractérisés par une remarquable habileté de conception lisible dans la précision des emboîtements et dans l'art de faire coïncider les angles des blocs sans recourir à des liants comme la chaux.

Du point de vue urbanistique, la ville est traversée au centre par un long escalier en granit comptant plus de cent cinquante marches, qui servait d'axe routier principal et reliait la place Sacrée à l'endroit le plus élevé du site. Outre le grand nombre de temples, sanctuaires, quartiers résidentiels, places et bassins, il faut signaler le temple du Soleil, dit Inti-Huatana, où se trouve une pierre surmontée d'une grosse colonne liée à différents cultes et servant de point de référence aux calculs astronomiques, comme le calcul des saisons, des solstices et des équinoxes.

La raison pour laquelle la population inca de Machu Picchu a abandonné ce lieu reste enveloppée de mystère. L'hypothèse la plus probable, outre une disette soudaine ou une éventuelle épidémie, est l'arrivée des conquistadores espagnols, ainsi que les luttes continuelles et les guerres intestines fréquentes entre les tribus du peuple inca – conflits qui se soldaient souvent par l'anéantissement complet de la faction vaincue.

Pérou, Machu Picchu, ruines de la ville, XIVᵉ-XVᵉ siècles.

Pérou, Machu Picchu, ruines de la ville, XIVᵉ-XVᵉ siècles.

Java.

Asie
Architecture céleste

Tadj Mahall

Le Tadj Mahall, situé dans la ville d'Agra dans l'Uttar Pradesh, est peut-être le plus célèbre des monuments antiques de l'Inde. Sa construction (1632-1648) fut ordonnée par l'empereur moghol Chah Djahan à la suite de la mort prématurée de son épouse bien-aimée Arjmand Banu Bagam, connue sous le nom de Mumtaz Mahall (« la préférée du palais »). Ce mausolée, à la fois imposant et élégant, est défini comme « le plus grand monument du monde élevé à l'amour ». Sa construction, qui a requis le travail de plus de vingt mille ouvriers pendant vingt ans et celui des meilleurs artistes indiens de l'époque, représente certainement l'exemple le plus important de l'architecture indo-islamique de la période moghole (1526-1857), où des éléments de provenance manifestement arabe – les motifs et les dessins géométriques, les mosaïques, l'arc en plein cintre et les minarets – s'allient de manière harmonieuse aux éléments architecturaux typiques de l'endroit – balcons, piscines, cours ornées de nombreuses colonnes – et au goût local sensible dans les décorations.

Ce bâtiment, de forme octogonale et de 63 mètres de haut, se dresse sur une base carrée, entourée de quatre minarets et précédée d'une grande grille donnant accès à de vastes jardins s'étendant sur plus de 300 mètres et ornés au centre d'un grand bassin. Le mausolée, surmonté d'une grande coupole centrale, est entièrement construit en marbre blanc et orné d'inscriptions très denses du Coran, de reliefs sculptés et de pierres de grande valeur. Les cénotaphes de l'empereur (mort en 1666) et de son épouse, qui se trouvent dans une salle octogonale de l'édifice, sont richement décorés et sertis de pierres précieuses.

On ignore l'identité de l'architecte qui conçut cet imposant mausolée de marbre blanc ; l'hypothèse la plus probable désigne un artiste d'origine turque ou persane.

Inde, Agra, mausolée du Tadj Mahall, 1632-1648.

Népal, Bungamati, le temps des moissons, XVIe siècle.

Katmandou

La vallée de Katmandou, dont le nom signifie « temple de bois », est depuis toujours considérée comme l'un des berceaux de la civilisation. La capitale, dont cette vallée tire son nom, est l'ancienne Kantipur, fondée en 724 après J.-C. par Gunakamadeva : située à 1 400 mètres d'altitude, elle se trouve au confluent des fleuves Bagmati et Vishnoumati. Dans les rues de la ville on peut admirer des maisons ornées de marqueteries de bois, des places entourées de temples somptueux, des petits marchés.

Il faut mentionner ici le complexe suggestif de temples qui s'élèvent autour des places de Durbar et de Hanuman Dhoka (l'ancien palais royal et le temple de la déesse vivante) et, dans les alentours, le sanctuaire de Vishnou à Bouddha-Nilakantha, le temple de Guhyesvari, le temple Gokarneshwar, le spectaculaire sanctuaire bouddhiste de Bodnath et l'ensemble de Svayambhunath. La culture artistique népalaise assimila de la proche culture hindouiste et de l'art chinois de la période Yan des composantes stylistiques qui lui permirent d'évoluer, mais elle sut aussi revêtir des caractères propres et éviter de bouleverser les traditions : l'hindouisme et le bouddhisme tantrique, introduit au Tibet vers les VIIe-VIIIe siècles, se révélèrent d'importants véhicules de transmission de ces syncrétismes artistiques.

Il demeure peu de vestiges des constructions les plus anciennes réalisées surtout en bois, tandis qu'il reste maintes constructions architecturales en pierre, à caractère religieux ou profane, constituées d'une salle entourée d'une galerie ouverte surmontée d'un toit ou d'une multitude de toits en pyramide. On accédait aux temples hindouistes, situés à l'intérieur de cours carrées, par une entrée qui avait la particularité – typique de la région du Népal – d'être décorée par des yeux, symbole de la présence divine.

Dans la vallée, considérée comme l'un des endroits les plus spirituels de la planète, les religions bouddhiste et hindouiste se côtoient en intégrant souvent des rites animistes, courants dans les pratiques primitives : le bouddhisme de Katmandou représente probablement le dernier exemple de bouddhisme originaire (un bouddhisme médiéval indien), dont les rites et les usages sont désormais en train de perdre leur originalité, se mêlant toujours plus à des rituels caractéristiques de la religion hindouiste.

Népal, Bhaktapur (appelé aussi Bhadgaun), place Durbar, à partir du XIIe siècle.

Népal, Katmandou, Bodnath Stupa,
VIe siècle après J.-C.

Népal, Katmandou, Pashupatinath (temple hindou), XIVe-XVIIe siècles.

Bali, temple de Tanah Lot, XVIe siècle.

Bali : Tanah Lot et Ulu Watu

Sur la côte ouest de Bali, dans le district de Tabanan, près du village de Beraban, se trouve l'un des temples les plus populaires et les plus suggestifs de l'île : le sanctuaire de Tanah Lot.

D'une forme architecturale traditionnelle, ce temple, que le saint hindouiste Naratha fonda au XVIe siècle au cours de l'un de ses voyages, frappe par sa situation particulière : construit sur un petit promontoire surplombant la mer, il s'isole du continent pendant la marée haute et l'on ne peut plus y accéder qu'à pied par un chemin étroit se déroulant le long des rochers.

Le temple d'Ulu Watu, comme celui de Tanah Lot, se distingue aussi par sa situation géographique : édifié en l'honneur de Bhatara Rudra, le dieu des éléments naturels et des forces cosmiques, il se dresse sur un promontoire tombant à pic dans la mer. Ce temple n'est pas seulement une destination privilégiée pour les touristes du monde entier, du fait de sa position magique et de son magnifique décor naturel. Il revêt aussi une haute signification aux yeux des pèlerins car le prêtre Dhang Hyang Dwijendra, au XVe siècle, l'a élu comme sa dernière demeure. Ce religieux, qui établit les concepts de l'actuelle philosophie de l'hindu dharma et ses principes éternels et universels, élabora des enseignements et des systèmes qui ont connu un large écho jusqu'en Occident et qui, outre la vie universelle et la conscience, incluent la religion, le yoga, le mysticisme, la philosophie, les arts et les sciences.

 Bali, rizières et petit temple.

Muara Takus

À environ 122 kilomètres à l'ouest de Pakanbaru, dans le district de Tigebalas Koto, surgissent les ruines de Muara Takus, un ancien et fascinant ensemble de temples délimité par les digues du fleuve Kampar Kanan. Situé à proximité de la luxuriante forêt tropicale, cette zone sacrée est l'une des plus grandes constructions en brique de Sumatra : tous les édifices présents dans cette aire sont entièrement réalisés en brique et en sable, souvent décorés d'inscriptions particulières et de diagrammes religieux comme les mandalas. Le style et les motifs des décorations portent à croire que le complexe de Muara Takus remonte au IXe ou Xe siècle environ après J.-C., époque où l'Empire srivijaya, qui domina à Sumatra du VIIIe au Xe siècle, était à son apogée. D'autres hypothèses de type architectural et décoratif laissent toutefois supposer pour la zone sacrée une datation fort antérieure, se situant vers le IVe siècle.

Le monument le plus important et le plus particulier de cet ensemble est certainement le grand stupa, connu sous le nom de Chandi Mahligai. Son aspect inhabituel de tour massive contraste avec les formes classiques d'hémisphère ou de cloche typiques de l'architecture bouddhiste. Beaucoup d'autres structures sont présentes à l'intérieur de cette zone, comme la grande plate-forme (*candi* Bungsu) où s'élevaient autrefois deux grands stupa, et l'édifice appelé *candi* Tua, le plus grand de l'ensemble, dont les deux imposants escaliers se terminaient près d'un autre stupa.

L'aire sacrée tout entière est entourée d'un mur de 74 mètres sur 74, ouvert sur un côté pour permettre l'aménagement d'une route en terre battue surélevée, s'étendant sur plus de 2 kilomètres.

Indonésie, Sumatra, temple de Muara Takus, IXe-Xe siècles.

Borobudur

Le temple bouddhiste de Borobudur, situé sur une colline à proximité de Magelang sur l'île de Java, fut érigé au IXe siècle sous la dynastie Sailendra et fut abandonné au XIe siècle au moment de la prise de pouvoir par les princes hindouistes. Sa découverte eut lieu de manière fortuite en 1814 par un colonnel britannique. Peu après, en 1855, l'immense structure de Borobudur, dont la base a une superficie de 122 mètres carrés et une hauteur de 35 mètres, prenant appui sur plus d'un million et demi de blocs de pierre et plus de cinq cents statues de Bouddha, fut partiellement mise au jour.

Cet édifice se compose de huit terrasses en pierre : les premières, carrées, et les suivantes, circulaires, sont superposées et forment une structure en gradins. Chaque terrasse correspond à une phase du chemin spirituel que le bouddhiste doit entreprendre pour atteindre à la perfection : à partir de la base, qui représente la tentation du désir, on s'élève, à travers les terrasses successives, vers l'affranchissement graduel des sens et vers le nirvana, pour parvenir à la sérénité représentée par les espaces ouverts au sommet du temple. En parcourant ce labyrinthe enchevêtré, on peut contempler plus de 8 000 mètres carrés de bas-reliefs et, après environ 5 kilomètres, on découvre la calme majesté du stupa placé au centre de la terrasse supérieure. Le stupa est un monument en maçonnerie, en forme d'hémisphère ou de cloche, représentant le reliquaire bouddhiste : sa structure dérive des huit tumulus sous lesquels fut ensevelie la dépouille de Bouddha et il constitue l'élément fondamental de l'architecture bouddhiste.

Le schéma de Borobudur en forme de montagne, dérivé de l'architecture indienne de la période Gupta (dynastie régnant en Inde de 320 à 540 après J.-C.), symbolise la structure de l'univers et le plan reprend la forme d'un mandala : dans le bouddhisme et le tantrisme hindous, ce diagramme cosmologique en cercles concentriques sert de guide à la méditation, sorte de miroir du chemin de l'âme.

 Indonésie, temple de Borobudur, IXe siècle.

Chiangmai et Sukhothai

La ville de Chiangmai, qui signifie « ville nouvelle », fut fondée en 1296 par le roi thaï Mangrai. Elle connut son apogée aux XIVe et XVe siècles, où elle devint un centre religieux et culturel florissant, qui alla jusqu'à accueillir le huitième synode du bouddhisme theravada. Construite selon un plan carré de 1 500 mètres de côté, et entourée d'une ceinture de remparts datant du XVIIIe siècle, elle compte un grand nombre de temples. Parmi les plus importants figurent sans aucun doute le Wat Chieng Man – le *wat* le plus ancien de tout Chiangmai, construit en 1296 par le roi Mangrai, exemple classique d'architecture traditionnelle du nord de la Thaïlande –, le Wat Phra Singh, construit en 1354, le Wat Chedi Luang – commencé en 1401 et terminé en huit ans à peine : construit en briques de latérite, il a une forme de pyramide à trois étages prenant appui sur un support en forme de groupes d'éléphants –, et enfin le Wat Phan Tao et le Wat Chedi Chet Yot.

À rappeler également, toujours dans la province de Chiangmai, le Wat U Mong : il s'agit d'un système très particulier de grottes artificielles, contenant les grottes de la méditation, creusées dans l'éperon rocheux situé sous le Wat Bâ Deng (le monastère de la Forêt-Rouge), érigé par le roi Tiloka (au XVe siècle) pour les Arannavasi, les moines ermites du Nouvel Ordre de Ceylan. Parmi ces religieux se distingua, pour la force de son charisme, le moine Thera Jan, qui avait le don de la clairvoyance et s'était réfugié dans cette localité située en pleine jungle. Ce temple fut ensuite très longtemps abandonné, la confrérie bouddhiste n'y ayant repris son activité qu'au début du XXe siècle. Dans le jardin du temple on peut observer un portrait très particulier de Bouddha, empreint d'un fort caractère dramatique car il le représente pendant sa période de jeûne, avec les côtes et les veines nettement marquées.

Sukhothai, dont le nom signifie « aube du bonheur », fut la capitale du royaume de Thaïlande fondée près du fleuve Mae Nam Yum sur un plan rectangulaire, selon les principes de la géomancie khmère. Sa construction eut lieu entre le XIIIe et le XIVe siècle, à une époque de grand développement de la civilisation thaïlandaise, qui put également s'épanouir grâce aux rapports entretenus avec la Chine, Ceylan et l'aire khmère. L'architecture se caractérise ici principalement par le typique *chedi* (stupa), de forme hémisphérique : la flèche conique, se terminant par un ornement en forme de bouton de lotus, symbole du nirvana, surmonte la chambre des reliques (recelant la dépouille de Bouddha), qui à son tour prend appui sur une plateforme s'articulant sur trois niveaux. Lors de sa fondation au XIIIe siècle, Sukhothai était entourée d'une triple ceinture de remparts, la première et la plus extérieure en latérite, les deux autres en maçonnerie. Elle comptait à l'intérieur presque deux cents stupa. Le riche parc historico-archéologique de Sukhothai a été déclaré Patrimoine mondial de l'humanité et fait l'objet d'opérations permanentes de restauration et de réhabilitation. Parmi les plus grands temples, mentionnons le Wat Mahathat (qui signifie « grande relique ») – c'est le plus grand temple de la ville dont il occupe le centre, vu sa situation face au palais royal ; le Wat Si Savai, construit par les populations khmères entre le XIIe et le XIIIe siècle ; le Wat Sra Sri, dit « monastère de l'étang de bon augure », réalisé sur une île en style Sukhothai classique, et présentant une grande statue de Bouddha, un stupa et une multitude de colonnes ; le Wat Phra Pai Luang (ou Brah Vaya), temple construit sous le gouvernement des Khmers au XIIIe siècle et adapté au culte bouddhiste seulement après la conquête thaï ; le Wat Si Chum ; enfin le Wat Chang Lom (« entouré d'éléphants »).

Ces temples sont érigés sur des îles qui s'étendent à l'intérieur d'étangs : ce choix particulier s'explique par la conviction que les ordinations monachiques conférées en un lieu entouré d'eau étaient plus difficiles à contester pour des erreurs de procédures.

Thaïlande, Chiangmai, Wat U Mong, XVe siècle.

238 Thaïlande, Sukhothai, parc historico-archeologique, XIIIe-XVIIIe siècles.

Le Wat Sra Si

Ayutthaya

Ayutthaya, située à environ 90 kilomètres au nord de Bangkok, se trouve sur une île s'étendant au confluent des fleuves dénommés Chao Phraya, Pa-Sak et Lopburī. Cette ville est considérée comme la plus belle de Thaïlande : capitale du pays jusqu'au XVIIIe siècle, elle a été la demeure élue par plus de trente souverains qui en ont enrichi l'architecture en faisant construire de très beaux temples (*wat*). Parmi ces temples citons le Wat Phra Si Sanpet ou temple de la Chapelle royale, le plus grand temple de la ville où résidèrent de nombreux souverains d'Ayutthaya, et qui recèle une statue de Bouddha du XVIe siècle, dite Marigalapabitra, faite de plaques de bronze couvrant une âme en maçonnerie et mesurant 20 mètres de haut ; le Wat Mongkhon Bophir, où l'on peut admirer l'une des plus grandes statues de Bouddha de toute la Thaïlande ; le Wat Ratburana ; le Wat Mahathat, dont les tours typiques rappellent le style de la proche ville d'Angkor, capitale du royaume khmer ; le Wat Phra Cha Phanan Choeng, dont la très grande statue maçonnée de Bouddha, dans sa position assise typique, de 19 mètres de haut, a été construite exactement vingt-six ans avant qu'Ayutthaya devienne capitale.

Ayutthaya, dont le nom dérive du sanscrit *ayodhya*, qui signifie « inattaquable », « imbattable », fut la capitale du royaume thaïlandais de 1350 à 1767. Fondée par le roi Râmadhibodhi Ier, elle engloba le royaume de Sukhothai et causa la ruine du proche royaume khmer du Cambodge, entraînant la chute de son imposante capitale Angkor (1430). Elle devint l'un des royaumes les plus puissants du Sud-Est asiatique, occupant l'actuelle Thaïlande et une partie du territoire de la Birmanie : à cette époque s'épanouirent la culture et l'architecture thaïlandaises, et la ville devint ainsi un nœud important du commerce international, fréquentée par des marchands hollandais, portugais, français, chinois et japonais. La capitale fut détruite en 1767, après des guerres continuelles menées contre les Cambodgiens et les Birmans, et sa ruine provoqua la perte d'un grand nombre des œuvres d'art que recelaient ses édifices sacrés.

 Thaïlande, Sukhothai, Wat Mahathat, XIVe siècle.

242 Thailande, Ayutthaya, Wat Phra Si Sanpet,
temple de la Chapelle royale, XIVe siècle.

Cambodge, ruines de la ville d'Angkor,
IXe-XIIIe siècles.

Angkor

Angkor se dresse au nord-ouest du Cambodge, en pleine jungle, non loin de Siem Reap. Cette ville fut fondée au début du IXe siècle et devint la grande capitale de l'Empire khmer – un peuple provenant de l'actuel Laos et qui était déjà établi sur ce territoire à l'époque protohistorique – sous le roi Yaçovarman Ier.

La découverte de ce site archéologique est due à l'explorateur et naturaliste français Henri Mouhot qui, en 1859, au cours d'une de ses expéditions au Laos, tomba par hasard sur l'un des plus vastes complexes archéologiques du monde : plusieurs dizaines de kilomètres carrés truffés de tours, de flèches, d'édifices, de douves, de milliers de statues, de bas-reliefs et d'innombrables temples recouverts par une dense végétation. Dotée à l'origine d'un temple-montagne (Phnom Bakheng), conformément à la symbolique typiquement hindoue des cercles concentriques et des diagrammes cosmiques (mandalas), Angkor fut ensuite agrandie par les rois des dynasties khmères successives : au XIIIe siècle, c'était l'une des plus grandes villes du monde, mais bientôt commença son déclin déterminé par les menaces constantes du royaume siamois, qui engendrèrent le transfert de la capitale au sud. Angkor ne fut plus qu'une destination de pèlerinage, puis elle fut enfouie sous la végétation luxuriante de la jungle jusqu'au jour de sa redécouverte.

Les temples typiques de l'architecture khmère sont des structures pyramidales construites sur des terre-pleins artificiels en sable : les grands blocs de pierre, finement équarris et décorés, étaient simplement juxtaposés et superposés, et souvent ils s'écroulaient sous l'effet des infiltrations d'eau, entraînant les édifices dans leur chute. Les ensembles les plus importants et les mieux conservés de la région d'Angkor sont Angkor Vat, construit en l'honneur du roi Sûryavarman II (1113-1150) – ceint d'une série de remparts concentriques, il consiste en un grand bâtiment central muni de cinq tours et orné de très nombreux bas-reliefs représentant les légendes du dieu Vishnou –, et Angkor Thom, un ensemble construit sous le roi Jayavarman VII (1181-1210), où les mégalithes du grand temple bouddhiste figurent la tête du souverain.

Cambodge, ruines de la ville d'Angkor, IXe-XIIIe siècles.

« Contre qui la Grande Muraille devait-elle servir de rempart ?
Contre les peuplades du Nord. Je viens, moi, du sud de la Chine.
Là-bas aucune peuplade du Nord ne peut nous menacer. Nous savons d'elles
ce que nous disent les Livres des Anciens : les atrocités qu'elles commettent
en conformité de leur sauvagerie nous font soupirer à l'abri de nos paisibles
tonnelles. Dans les peintures réalistes, nous voyons ces visages de damnation,
ces mufles béants, ces mâchoires hérissées de dents affilées, ces regards
clignotants qui semblent déjà loucher vers la proie qu'ils vont broyer et déchirer
dans leurs gueules ! Les enfants sont-ils méchants, nous leur faisons voir
ces images et aussitôt ils se jettent en pleurs à notre cou.
Mais c'est là tout ce que nous savons de ces hommes du Nord. Nous ne les avons
pas vus, et, si nous restons dans notre village, nous ne les verrons jamais, quand
bien même sur leurs chevaux sauvages ils se rueraient droit sur nous…
Trop grand est notre pays pour les laisser arriver jusqu'à nous !
Leur charge se dissipera dans l'air. »

Franz Kafka, *La Muraille de Chine*, 1918-1919, trad. de J. Carrive et A. Vialatte.

La Grande Muraille

Le nom original de la Muraille de Chine est Chang Cheng, qui signifie « mur de 10 000 li de long », le li étant une unité de mesure chinoise correspondant à environ 500 mètres. En effet, cette œuvre remarquable d'ingénierie, longue d'environ 5 000 kilomètres, part de Qinhuangdao, sur le golfe de Bohai, à l'est, et atteint Gaodai, dans la province du Gansu, à l'ouest. En outre vers le sud, à proximité de Pékin, une ramification interne rejoint quasiment Handan. La muraille est l'unique œuvre humaine visible depuis l'espace. On commença à la construire, de manière systématique, en 220 avant J.-C., au moment où Qin Shi Huangdi, le premier empereur de la dynastie Qin, termina l'unification de la Chine. Il conçut cette muraille comme une ligne de défense contre les éventuelles incursions des populations nomades provenant des territoires du Nord. Ensuite, à l'époque de la dynastie Ming, la Grande Muraille fut amplifiée par des branches intérieures et des terre-pleins, qui s'adaptaient à la morphologie du territoire en suivant le cours des fleuves et en prenant appui sur les arêtes des montagnes.
Cette muraille est composée de terre et de pierre, entremêlées de parties recouvertes de brique, surtout dans la zone orientale. Sa largeur varie et oscille de 5 à 10 mètres à la base, et de 4 mètres environ au sommet. Sa hauteur moyenne est d'environ 8 mètres. Sur le faîte de la structure, délimitée par des parapets crénelés, court une route en terreau et pavée de pierre, permettant aux messagers placés dans les tours de guet – disposées à peu près tous les 200 mètres et hautes de 12 mètres environ – de communiquer rapidement.

Chine, Grande Muraille, 220 avant J.-C.

Chine, Grande Muraille, 220 avant J.-C.

BIBLIOGRAPHIE

ADAM, Jean-Pierre, *L'Art de construire chez les Romains. Matériaux et techniques*, Paris, 1984.
AGNESE, Giorgio – RE, Maurizio, *Égypte : merveilles en terre des pharaons*, Paris, 2001.
ALBANESE, Marilia, *L'Inde ancienne*, Paris, 2001.
ALBANESE, Marilia, *Angkor, splendeurs de l'art khmer*, Paris, 2002.
AMPOLO, Carmine, *La Città antica. Guida storica e critica*, Rome-Bari 1980.

Baudez, Claude-François, *Les Mayas*, Paris, 1984.
BERNAL Y GARCIA PIMENTEL, Ignacio – SIMONI-ABBAT, Mireille, *L'Amérique précolombienne. Le Mexique des origines aux Aztèques*, Paris, 1986.
BOMMELAER, Jean-François, *Guide de Delphes*, Paris, 1991.
BOURBON, Fabio, *La Terre Sainte hier et aujourd'hui : lithographies et journal de David Roberts et photographies d'Antonio Attini*, Paris, 1997.

CARANDINI, Andrea, *Storie della terra*, Milan, 1991.
CARANDINI, Andrea, *Archeologia del mito: emozione e ragione fra primitivi e moderni,* Turin, 2001.
CERAM, C.W., *Civiltà sepolte,* Turin, 1952.
CERAM, C.W., *Des dieux, des tombeaux, des savants : le roman vrai de l'archéologie*, Monaco, 1990.
Città storiche dell'Asia Minore occidentale, (a cura del Dipartimento di scienze dell'antichità), Padoue, 1993.

DE ALBENTIIS, Emilio, *La Casa dei romani*, Milan, 1990.
DE BERNARDI FERRERO, Daria, *Teatri classici in Asia Minore. Vol. 4 : Deduzioni e proposte*, Rome, 1975.
DENTI, Mario, *Archeologia dell'Italia antica. Greci, Etruschi, Italici e Romani dalla Sicilia alla Valle d'Aosta,* Milan, 2001.
DESIDERI, Paolo – JASINK, Anna Maria, *Cilicia. Dall'età di Kizzuwatna alla conquista macedone*, Florence, 1990.
DUVERGER, Christian, *La Méso-Amérique. L'Art pré-hispanique du Mexique et de l'Amérique centrale*, Paris, 1999.

EQUINI SCHNEIDER, Eugenia – AMADASI GUZZO, Maria Giulia, *Pétra. Capitale des Nabatéens*, Paris, 1998.

FRANKFORT, Henri, *The Art and Architecture of the Ancient Orient*, Yale University Press, 1997.

GLAIZE, Maurice, *Les Monuments du groupe d'Angkor*, Paris, 1993.
GRECO, Emanuele – TORELLI, Mario, *Storia dell'urbanistica. Il mondo greco*, Rome-Bari, 1983.
GRECO, Emanuele, *La Grande-Grèce, archéologie et histoire*, Paris, 1996.
GROS, Pierre – TORELLI, Mario, *Storia dell'urbanistica. Il mondo romano*, Rome-Bari, 1988.
GROS, Pierre, *L'Architecture romaine du début du IIIe siècle avant J.-C. à la fin du Haut-Empire. I. Les Monuments publics*, Paris, 1996.
GROS, Pierre, *L'Architecture romaine du début du IIIe siècle avant J.-C. à la fin du Haut-Empire. II. Maisons, villas, palais et tombeaux*, Paris, 2001.

HOLTZMANN, Bernard, *La Grèce*, Paris, 1989.
HOMO, léon, *Rome impériale et l'urbanisme dans l'Antiquité*, Paris, 1971.

JACQUES, Claude, *Angkor*, Paris, 1990.
JULIEN, C., *Gli Incas*, Bologne, 2000.

KENYON, Kathleen Mary, *Archaeology in the Holy Land*, Londres, 1964.

MARTIN, Roland, *Manuel d'architecture grecque. I. Matériaux et Techniques,* Paris, 1965.
MARTIN, Roland, *L'Urbanisme dans la Grèce antique*, Paris, 1974.
MICHAUD, Roland et Sabrina – JAN, Michel, *La Grande Muraille de Chine*, Paris, 2000.
MORAVIA, Alberto, *L'Inde comme je l'ai vue*, Paris, 1963.
MOSCATI, Sabatino, *L'Archéologie*, Paris, 1975.
MOSELEY, M.E., *L' Impero Inca,* Rome, 2001.

PALLOTTINO, Massimo, *Che cos'è l'archeologia*, Florence, 1968.
POLIA, Mario, *Gli Incas*, Milan, 1999.
POLIGNAC, François, *La Naissance de la cité grecque*, Paris, 1996.

ROMANELLI, Pietro, *Topografia e archeologia dell'Africa romana*, Enciclopedia dell'arte antica, III, 1970.

SHAW, Brent D. – SALLER, Richard P., *Economia e società nel mondo antico*, Rome-Bari, 1984.

TURCAN, Robert, *L'Art romain*, Paris, 1995.

VAN BEEK, Steeve, *Thaïlande : le pays des temples d'or*, Genève, 1995.
VON HAGEN, Victor, *À la recherche des Mayas*, Paris, 1976.

ZANKER, Paul, *The Power of images in the age of Augustus*, The University of Michigan Press, 1995.

CRÉDITS PHOTOGRAPHIQUES

Yann Arthus-Bertrand (IMAGEBANK), 22, 23, 24-25, 28-29, 52, 64-65, 70-71, 72-73, 74-75, 76-77, 92-93, 98-99, 126-127, 128-129, 130-131, 146-147, 174-175, 188-189, 212-213, 218-219, 237, 241
Giuliano Bandieri (IMAGEBANK), 240
Marco Cappelli (IMAGEBANK),
Angelo Cavalli (IMAGEBANK), 198, 199
Giuliano Colliva (IMAGEBANK), 58
Dong Feng Zhai (IMAGEBANK), 249, 252-253
Hélène Hiscocks (IMAGEBANK), 80-81, 244-245, 246-247
John Lewis (IMAGEBANK), 110-111
Guglielmo Majrani (ARCHIVIO MAJRANI), 78-79
Michael Melford (IMAGEBANK), 56
Andrea Pistolesi (IMAGEBANK), 20-21, 100, 148-149, 184, 185, 186-187, 194-195, 214-215
Pubbli Aer Foto, 26-27, 162-163
Basilio Rodella, 82-83, 84-85, 86-87, 89, 90-91
Guido Alberto Rossi (IMAGEBANK), 30-31, 33, 34-35, 36-37, 38-39, 40-41, 43, 44-45, 46-47, 49, 50-51, 53, 54-55, 57, 59, 60-61, 62-63, 66-67, 68-69, 94-95, 96-97, 101, 102-103, 104-105, 106-107, 108-109, 112, 112-113, 114-115, 116, 117, 118-119, 120-121, 122-123, 125, 132-133, 135, 136-137, 138-139, 140-141, 142-143, 144-145, 150, 151, 152-153, 154-155, 156-157, 159, 160-161, 164, 165, 166-167, 169, 171, 172-173, 176-177, 178-179, 181, 182-183, 190-191, 192-193, 196-197, 201, 202-203, 204-205, 206-207, 208-209, 210-211, 216-217, 220-221, 223, 224-225, 226-227, 228-229, 231, 232-233, 234-235
Stefano Scatà (IMAGEBANK), 18-19
Luca Tettoni, 238-239, 242-243
Vandystadt (IMAGEBANK), 48
Yat Nin Chan (IMAGEBANK), 250-251